Carl Friedrich Gauss

Allgemeine Grundlagen einer Theorie der Gestalt von Flüssigkeiten im Zustand des Gleichgewichts

bremen
university
press

Carl Friedrich Gauss

Allgemeine Grundlagen einer Theorie der Gestalt von Flüssigkeiten im Zustand des Gleichgewichts

ISBN/EAN: 9783955621193

Auflage: 1

Erscheinungsjahr: 2013

Erscheinungsort: Bremen, Deutschland

Allgemeine Grundlagen

einer

Theorie der Gestalt von Flüssigkeiten

im Zustand des Gleichgewichts.

Von

Carl Friedrich Gauss.

(Commentationes societatis regiae scientiarum Gottingensis
recentiores Vol. VII. 1830, geschrieben 1829.)

———

Uebersetzt

von

Rudolf H. Weber

(Heidelberg).

Herausgegeben

von

H. Weber

(Strassburg).

Mit 1 Figur im Text.

———

Leipzig

Verlag von Wilhelm Engelmann

1903.

Allgemeine Grundlagen
einer Theorie der Gestalt von Flüssigkeiten
im Zustande des Gleichgewichts.

Die Kräfte, die das Aufsteigen oder Herabdrücken von Flüssigkeiten in Capillarröhren verursachen, hat zuerst eingehend *Clairaut* aufgezählt. Da er aber das Gesetz der Kräfte überhaupt nicht berührt hat, so konnten keine Früchte für eine mathematische Behandlung der Erscheinungen daraus gewonnen werden. Die gewöhnliche Anziehung, die dem Quadrate des Abstandes umgekehrt proportional ist, und die alle Bewegungen am Himmel mit so gutem Erfolge darstellen lässt, kann weder bei der Erklärung der Capillarerscheinungen, noch der der Adhäsion oder Cohäsion Anwendung finden; es lehrt nämlich eine richtig aufgestellte Berechnung, dass eine nach diesem Gesetze wirkende Anziehung eines beliebigen Körpers, der zur Ausführung von Experimenten geeignet ist, d. h. dessen Masse im Vergleich mit der der Erde vernachlässigt werden kann, auf einen beliebig gelegenen, sogar den Körper berührenden Punkt im Vergleich mit der Schwere verschwinden muss*). Wir schliessen hieraus, dass jenes Anziehungsgesetz in den kleinsten Abständen mit der Wahrheit nicht mehr übereinstimmt, sondern dass es eine Modification erfordert. Mit anderen Worten: die Partikeln der Körper üben ausser jenen anziehenden Kräften noch eine andere Kraft aus, die nur in den kleinsten Abständen merklich ist. Alle Erscheinungen beweisen übereinstimmend, dass dieser

---

*) Die grösste Anziehung, die eine gegebene homogene Masse auf einen gegebenen Punkt nach diesem Gesetze ausüben kann, verhält sich zu der Anziehung, die die gleiche Masse, wenn wir sie in Kugelgestalt überführen, auf einen auf ihrer Oberfläche gelegenen Punkt ausübt, wie $3 : \sqrt[3]{25}$. Diese letztere Anziehung aber lässt sich leicht mit der Schwere vergleichen.

zweite Theil der anziehenden Kraft (die Molecularanziehung) auch in den kleinsten noch messbaren Abständen unmerklich ist. Dagegen kann er in unmessbar kleinen Abständen den ersten (dem Quadrat des Abstandes umgekehrt proportionalen) Theil weitaus überwiegen.

Laplace hat, von dieser einzigen Voraussetzung über die Beschaffenheit der Molecularkräfte ausgehend, im Uebrigen aber ohne irgend welche Annahmen über das Gesetz des Abnehmens der Kräfte bei zunehmenden Abständen, zuerst die Einwirkung derselben auf die Form von Flüssigkeitsoberflächen einer strengen Rechnung unterworfen. Er hat die allgemeine Gleichung für die Gleichgewichtsform aufgestellt und daraus nicht nur die eigentlichen capillaren, sondern auch manche damit verwandte Erscheinungen zu erklären vermocht. Diese Untersuchungen, die in der auffälligen Uebereinstimmung mit sorgfältigen Experimenten ihre Bestätigung gefunden haben, zählen zu den schönsten Bereicherungen der Naturwissenschaft, die wir dem grossen Mathematiker verdanken. Die von einigen Autoren gegen sie gerichteten Entgegnungen aber sind meist von geringem oder gar keinem Belang*).

Bei den Berechnungen von *Laplace* finden wir gleichwohl einiges, was mit einer strengen Beweisführung nicht völlig verträglich ist. In der ersten Abhandlung: »théorie de l'action capillaire«, bezeichnet *Laplace* mit $\varphi(f)$ die Intensität der Anziehung im Abstande f und führt weiter folgende Zeichen ein:

$$\int_x^\infty \varphi(f)df = \Pi(x)$$

$$\int_x^\infty \Pi(f)fdf = \Psi(x)$$

$$2\pi\int_0^\infty \Psi(f)df = K$$

$$2\pi\int_0^\infty \Psi(f)fdf = H.$$

Die Form der Function $\varphi(f)$ wird weiter nicht bestimmt, nur

---

*) Dieses Urtheil gilt von den meisten Entgegnungen in der Zeitschrift von Pavia (Giornale di fisica etc. T. 9), auf die Petit in den »Annales de chimie et de physique« T. 4 treffend erwidert hat.

wird festgesetzt, dass sie unmessbar kleine Werthe annimmt, wenn f messbare Grössen erreicht. Aber aus dieser einen Annahme darf keineswegs geschlossen werden, dass auch $\Pi(f)$ und $\Psi(f)$ für messbare Werthe f unbedingt unmessbar klein werden. Ebenso wenig geht daraus hervor, dass die Integrale $2\pi\int\psi(f)\,df$; $2\pi\int\psi(f)\,f\,df$ von $f=0$ bis zu einem endlichen, aber messbar grossen Werthe von f integrirt, nur noch unmessbar wenig von K und H abweichen, wie in der Abhandlung angenommen ist. Denn es lassen sich unendlich viele Formen der Function $\varphi(f)$ denken, die der Grundhypothese zwar genügen, bei denen aber ein solcher Schluss irrig wäre. Wenn z. B. angenommen wird, dass $\varphi(f)$ die vollständige Anziehung ausdrückt, so muss auch ein Glied der Form a/f darin enthalten sein, das die gewöhnliche Massen-Anziehung darstellt. Wenn aber auch dieses Glied als unmessbar klein anzusehen ist, wenn die Dimensionen der anziehenden Körper, wie sie in Experimenten vorkommen können, gegenüber der ganzen Erde unmessbar klein sind, so würde doch schon die zweite Integration, wenn sie ins Unendliche erstreckt wird, einen unendlich grossen Term der Function $\psi(f)$ liefern. Wenn aber auch hierdurch der Schein einer leichten Unachtsamkeit erweckt wird, so betrifft diese doch sicherlich mehr die Form der Darstellung, als die Sache selbst. Aus der zweiten Abhandlung: »Supplément à la théorie de l'action capillaire«, geht nämlich hervor, dass *Laplace* stillschweigend unter $\varphi(f)$ nicht die gesammte Anziehung, sondern nur den Theil verstanden hat, der zu der gewöhnlichen Anziehung hinzutritt. Denn es ist leicht einzusehen, dass die letztere keine merkliche Veränderung bei unseren Experimenten bedingen kann. In der That bemerkt er, dass er sich $\varphi(f)$ nach Art einer Exponentialfunction e^{-if} vorstellt, worin i sehr gross ist, oder, besser gesagt, worin $1/i$ eine sehr kleine Länge bedeutet. Aber es ist keineswegs nöthig, die Allgemeinheit so sehr zu beschränken. Denn wer mehr auf die Sache als auf die Worte sieht, bemerkt leicht, dass es genügt, wenn man jene Integration nicht bis ins Unendliche, sondern nur bis zu einer willkürlichen messbaren Entfernung erstreckt oder, wenn man so will, bis zu einer endlichen Entfernung, die an Grösse alle im Experiment auftretenden Dimensionen übertrifft.

Jedoch an einem weit schwerer wiegenden Mangel leidet die *Laplace*'sche Theorie, und den haben, so viel ich sehe, seine Angreifer nicht einmal bemerkt. Die Theorie besteht aus zwei

Theilen. Im einen wird für die freie Oberfläche der Flüssigkeit eine allgemeine Gleichung zwischen den partiellen Differentialen der Coordinaten aufgestellt. Diese Gleichung hängt aber von der anziehenden Molecularkraft ab, die die Flüssigkeitstheilchen wechselseitig auf einander ausüben. Und dieser Theil ist so durchgeführt, dass nichts Wesentliches hinzuzusetzen bleibt. Aber eine solche Gleichung zwischen partiellen Differentialen (deren Integration, wenn überhaupt möglich, willkürliche Functionen liefert) genügt nicht zur vollständigen Bestimmung der Oberflächengestalt. Diese erfordert vielmehr eine neue Bedingung, die eine Eigenschaft der Oberfläche an den Grenzen ausdrückt. Eine solche Bedingung stellt der zweite Theil der Theorie auf, nämlich die, dass der Winkel constant ist, den die Tangentialebene an die freie Oberfläche an der Grenze des Gefässes (oder genauer an der Grenze des Bereiches der merkbaren anziehenden Kraft der Gefässwandung) mit der Tangentialebene an die Gefässwand an eben der Stelle einschliesst. Dieser Winkel ist nämlich bestimmt durch das Verhältniss der Molecularkräfte des Gefässes und der Flüssigkeit, und er ist nur insofern constant, als die Continuität der Gefässform in der Nachbarschaft der freien Oberfläche nirgends unterbrochen ist. Aber diesen für die ganze Theorie wichtigen Satz hat *Laplace* nicht durch Rechnung bewiesen; denn was er auf Seite 5 der ersten Abhandlung darauf bezügliches beibringt, ist nur eine undeutliche Ausführung und setzt das zu Beweisende bereits voraus. Die Rechnungen Seite 44 u. f. führen nicht zum Ziel. In der zweiten Abhandlung aber wird die Steighöhe von Flüssigkeiten in Capillaren nach anderer Methode behandelt. Die Ergebnisse dieser vereint mit der ersten Methode liefern eine Formel (und zwar die richtige) für den erwähnten Winkel zwischen den Tangentialebenen. Es ist aber zu bemerken, dass hier eigentlich schon vorausgesetzt wird, dass der Winkel constant ist. Ausserdem beschränkt sich die an sich schon wenig befriedigende Methode auf einen sehr speciellen Fall, nämlich den, dass das Gefäss prismatisch ist und verticale Wände besitzt. Nach diesen Erwägungen muss man zugeben, dass die von *Laplace* aufgestellte Theorie in wesentlichen Punkten bis jetzt noch unzureichend und unvollständig ist.

Wir wollen deshalb die Theorie der Gleichgewichtsfigur von Flüssigkeiten, die unter dem Einflusse der Schwere und der von ihr selbst und dem Gefässe ausgeübten Molecularkräfte stehen, von neuem wieder aufnehmen. Hierbei werden wir eine wesentlich andere Methode anwenden, die wir aus den Grundprincipien der Dynamik ableiten, und wir wollen von Anfang an die grösste Allgemeinheit bewahren. Diese Untersuchung führt zu einem ausgezeichneten neuen Theorem, das die vollständige Theorie in einer einzigen sehr einfachen Formel enthält. Aus dieser lassen sich leicht die beiden Theile der *Laplace*'schen Theorie ableiten.

1.

Um eine Gleichgewichtsgleichung für ein System beliebig vieler Massenpunkte, deren Bewegungen irgend welchen Bedingungen unterworfen sind, aufzustellen, eignet sich am besten das Princip der virtuellen Verschiebungen, das wir folgendermaassen aussprechen.

Es möge ein System aus den Massenpunkten m, m', m'' etc. bestehen, und in diesen Punkten seien Massen concentrirt, die wir mit denselben Buchstaben bezeichnen wollen. Ferner sei P eine der beschleunigenden Kräfte, die auf den Punkt m wirken. Denken wir uns nun dem System irgend eine unendlich kleine mit den Bedingungen verträgliche Bewegung (virtuelle Verschiebung) zuertheilt, so soll dp die Verschiebung des Punktes m in Richtung der Kraft P bedeuten, d. h. also die Verschiebung multiplicirt mit dem Cosinus des Winkels, den sie mit der Richtung der Kraft P bildet. Es sei endlich $\Sigma P dp$ die Summe aller solcher Produkte, die man bilden kann unter Berücksichtigung aller im Punkte m angreifenden Kräfte. In gleicher Weise soll P' die auf den Punkt m' wirkenden Kräfte, dp' die Projectionen der Verschiebungen auf die Kraftrichtungen bezeichnen, und ebenso für die übrigen Punkte.

Die Gleichgewichtsbedingung für das System besteht nun darin, dass die Summe

$$m\,\Sigma P dp + m'\,\Sigma P' dp' + m''\,\Sigma P'' dp'' + \cdots$$

für jede virtuelle Verschiebung verschwindet. Es ist dies die allgemein gegebene Fassung des »Princips der virtuellen Verschiebungen«. Strenger genommen darf diese Summe für keine virtuelle Verschiebung positive Werthe annehmen.

2.

Die hier in Betracht kommenden Kräfte können in drei Klassen zerlegt werden.

I. Die Schwere. Ihre Intensität kann für die einzelnen Punkte als gleich, ihre Richtungen als einander parallel angesehen werden. Wir bezeichnen sie mit dem Buchstaben g.

II. Die anziehenden Kräfte, die die Punkte m, m', m'' u. s. w. auf einander ausüben. Die Grösse dieser Anziehung setzen wir proportional einer Function des Abstandes an, d. h. gleich dem Product aus dieser Function — die wir durch das Zeichen f charakterisiren wollen — und der in dem anziehenden Punkte concentrirten Masse.

III. Die Kräfte, mit denen die Punkte m, m', m'' u. s. f. nach irgend welchen festen Punkten hin angezogen werden. Zur Bezeichnung dieser Kräfte möge in gleicher Weise, wie vorher, der Buchstabe F, der dem jeweiligen Abstand voran zu schreiben ist, dienen. Die festen Punkte selber, sowie auch die in ihnen concentrirt gedachten Massen mögen mit M, M', M'' etc. bezeichnet werden.

Wir wollen nun noch den Abstand der zwei Punkte m und m' mit dem Zeichen (m, m'), den Abstand von m und M mit (m, M) bezeichnen u. s. f. Endlich seien z, z', z'' ... die verticalen Höhen der Punkte m, m', m'' ... über einer willkürlich festzulegenden Horizontalebene H. Der Complex $\Sigma P dp$ enthält dann folgende Glieder:

$$- g\, dz$$
$$- m' f(m, m')\, d(m, m') - m'' f(m, m'')\, d(m, m'')$$
$$- m''' f(m, m''')\, d(m, m''') \ldots \text{ etc.}$$
$$- M F(m, M)\, d(m, M) - M' F(m, M')\, d(m, M')$$
$$- M'' F(m, M'')\, d(m, M'') \ldots \text{ etc.}$$

Es sind hier $d(m, m')\, d(m, m'')$ u. s. w. partielle Differentiale, d. h. sie beziehen sich nur auf die virtuelle Verschiebung des Punktes m.

Wir wollen hier an Stelle von f diejenige Function einführen, durch deren Differentiation f entsteht. Es sei also

$$- f(x)\, dx = d\varphi(x)$$

oder:

$$\int f(x)\, dx = - \varphi(x).$$

Die Integrationsconstante kann hier beliebig gewählt werden. Wenn es zweckmässig scheint, mag sie so bestimmt werden, dass $f(\infty) = 0$ wird. Es bezeichnet dann $\varphi(t)$ das bestimmte Integral:

$$\int\limits_{x=t}^{x=\infty} f(x)\,dx.$$

In gleicher Weise führen wir an Stelle von F eine Function Φ ein, die gegeben ist durch die Gleichung:

$$- F(x)\,dx = d\,\Phi(x).$$

Es wird jetzt

$$\begin{aligned}
\Sigma Pdp = {}& \\
& - g\,dz \\
& + m'd\varphi(m,m') + m''d\varphi(m,m'') + m'''d\varphi(m,m''') + \cdots \\
& + Md\Phi(m,M) + M'd\Phi(m,M') + M''d\varphi(m,M'') + \cdots
\end{aligned}$$

und hierin sind wieder die Differentiale der zweiten Zeile partielle Differentiale, die nur von der Verschiebung von m abhängen.

Es hat offenbar jedes dieser Differentiale seine Ergänzung in einem anderen Complex. So enthält sowohl der Complex $m\Sigma Pdp$ als auch der Complex $m'\Sigma P'dp'$ das partielle Differential $m\,m'd\varphi(m,m')$, aber im einen bezieht sich das partielle Differential d nur auf die Bewegung von m, im anderen nur auf die von m'. Es geht hieraus hervor, dass die in Abschnitt 1 aufgestellte Summe ein vollständiges Differential bildet, das $= d\Omega$ ist, wenn wir setzen:

$$\begin{aligned}
\Omega = {}& \\
& - gmz - gm'z' - gm''z'' \cdots \\
& + mm'\varphi(m,m') + mm''\varphi(m,m'') + mm'''\varphi(m,m''') + \cdots \\
& \qquad + m'm''\varphi(m,'m'') + m'm'''\varphi(m,'m''') + \cdots \\
& \qquad\qquad + m''m'''\varphi(m,''m''') + \cdots \\
& + mM\Phi(m,M) + mM'\Phi(m,M') + mM''\Phi(m,M'') + \cdots \\
& + m'M\Phi(m,'M) + m'M'\Phi(m,'M') + m'M''\Phi(m,'M'') + \cdots \\
& + m''M\Phi(m,''M) + m''M'\Phi(m,''M') + m''M''\Phi(m,''M'') + \cdots \\
& + \cdots
\end{aligned}$$

Die Gleichgewichtsbedingung besteht demnach darin, dass der Werth der Function Ω durch keine virtuelle Verschiebung einen positiven Zuwachs erlangen kann, oder, was dasselbe ist, dass Ω ein Maximum ist.

Wir können die Function Ω auch in der Form schreiben:

$$\begin{aligned}
\Omega = \Sigma m\{ & -gz + \tfrac{1}{2}m'\varphi(m,m') + \tfrac{1}{2}m''\varphi(m,m'') + \tfrac{1}{2}m'''\varphi(m,m''') + \cdots \\
& + M\Phi(m,M) + M'\Phi(m,M') + M''\Phi(m,M'') + \cdots \}
\end{aligned}$$

Hierin soll das Zeichen Σ ausdrücden, dass über alle die Ausdrücke summirt werden soll, die man erhält, wenn in vorstehender Form nach einander m mit m', m'', m''' u. s. w. vertauscht wird.

3.

Wenn wir uns an Stelle discreter Punkte M, M', M'' ... einen Körper denken, der continuirlich einen Raum S mit gleichförmiger Dichte $= C$ erfüllt, dann tritt an Stelle der Summe

$$M\,\Phi(m,M) + M'\,\Phi(m,M') + M''\,\Phi(m,M'') + \text{etc.}$$

das Integral

$$C\int dS\,\Phi(m,dS),$$

das über den ganzen Raum S zu erstrecken ist. Es bezeichnet hier analog der früheren Bedeutung (m,dS) den Abstand des Punktes m von jedem Raumelemente dS des Raumes S.

Wenn nun ferner an Stelle der discreten Punkte m, m', m'' etc. ein continuirlicher Körper tritt, der einen Raum s mit gleichförmiger Dichte $= c$ erfüllt, dann erfordert die Berechnung von Ω eine zweifache Integration.

Es ergiebt sich dann zunächst für einen vorerst noch unbestimmten Punkt μ ein Werth

$$- gz + \tfrac{1}{2}c\int ds\,\varphi(\mu,ds) + C\int dS\,\Phi(\mu,dS)\,,$$

worin z die Höhe des Punktes μ über der Ebene H bedeutet, und das erste Integral über den ganzen Raum s, das zweite über den ganzen Raum $.S$ zu erstrecken ist. Dieser Werth hängt nur von der Lage von μ ab. Bezeichnen wir ihn mit $[\mu]$, so wird

$$\Omega = c\int ds\,[\mu],$$

und hierin ist die Integration wieder über den ganzen Raum s zu erstrecken.

Wir können das kurz ausdrücken durch:

$$\Omega = - gc\int z\,ds + \tfrac{1}{2}c^2\iint ds\,ds'\,\varphi(ds,ds') + Cc\iint ds\,dS\,\Phi(ds,dS).$$

Hierin bezeichnen s und s' beide ein und denselben Raum (nämlich den vom beweglichen Körper erfüllten). Er muss aber zweimal in seine Elemente aufgelöst werden zum Zwecke der doppelten Integration.

4.

Das charakteristische Merkmal flüssiger Körper besteht in der vollkommenen Beweglichkeit selbst der kleinsten Theilchen. Sie können also beliebige Formen annehmen und müssen auch den denkbar kleinsten Kräften, die ihre Formen zu verändern suchen, nachgeben. In inexpansibeln (tropfbaren) Flüssigkeiten, mit denen sich unsere Untersuchung beschäftigen soll, muss bei allen Formänderungen das Volumen eines jeden Theiles constant bleiben. Betrachten wir aber einen flüssigen Körper, dessen Bewegung durch einen unbeweglichen festen Körper (ein Gefäss) begrenzt wird, und auf dessen Theilchen ausser der Schwere die wechselseitige Anziehung der Theilchen unter einander und die Anziehung der Gefässtheilchen wirken mögen, so erfordert die Gleichgewichtsbedingung, dass der Werth von Ω ein Maximum sei, das heisst, es darf keine unendlich kleine Verschiebung der Flüssigkeitstheilchen einen positiven Zuwachs von Ω verursachen. Da aber offenbar der Werth von Ω nur dadurch geändert werden kann, dass sich die Gestalt des Raumes, den die ganze Flüssigkeit erfüllt, ändert (und nicht durch eine alleinige Bewegung im Inneren der Flüssigkeit), so wird Gleichgewicht herrschen, wenn bei keiner unendlich kleinen Veränderung dieser Gestalt — die verträglich mit der Form des Gefässes vorausgesetzt werden muss — bei constant bleibendem Volumen ein Zuwachs von Ω eintritt. Es folgt hieraus sofort, dass, wenn die Gestalt der Flüssigkeit überhaupt keine Veränderung erfahren kann — (wenn etwa das Gefäss die Flüssigkeit von allen Seiten dicht anliegend umgiebt) die genannten, auf die Flüssigkeit wirkenden Kräfte eine innere Bewegung der Flüssigkeit nicht verursachen können, dass sie sich also gegenseitig das Gleichgewicht halten.

5.

Wir gehen jetzt zu einer genaueren Erforschung des Ausdruckes Ω über, der als Grundlage der Gleichgewichtstheorie der Flüssigkeiten angesehen werden muss. Beginnen wir mit dem ersten Term, so sieht man ohne Weiteres, dass $\int z\,ds$ das Product aus dem Volumen des Raumes s und der Höhe seines Schwerpunktes über der Ebene H bedeutet. Ebenso ist $c\int z\,ds$ das Product aus der Masse, $gc\int z\,ds$ das Product aus dem Gewicht der Flüssigkeit und derselben Höhe. Wenn nun die

Flüssigkeitstheile anderen Kräften, als der Schwere, nicht unterworfen wären, dann müsste die Höhe des Schwerpunktes in der Gleichgewichtslage möglichst klein sein. Es folgt hieraus leicht, dass die freie Oberfläche, respective die freien Oberflächen in ein und derselben Horizontalebene liegen müssen, die dann die Flüssigkeit von oben her begrenzt.

6.

Die Betrachtung des zweiten und dritten Terms ist zurückzuführen auf zwei particuläre Fälle des allgemeinen Problems, in dem die einzelnen Elemente zweier beliebig gegebener Räume wechselseitig mit einander combinirt und die Producte aus je drei Factoren, nämlich aus dem Volumen eines Elementes des ersten Raumes, dem Volumen eines Elementes des zweiten, und einer gegebenen Function des wechselseitigen Abstandes zu einer Summe vereinigt werden sollen. Der zweite Term führt dann zu dem Falle, wo beide Räume mit einander identisch sind, der dritte Term zu dem, wo der eine Raum ganz ausserhalb des anderen liegt. Das vollständige Problem umfasst noch zwei andere Fälle, nämlich die, wo der eine Raum ein Theil des anderen ist, und wo der eine Raum mit dem anderen einen Theil gemeinsam hat. Wenn nun auch die zwei ersten Fälle für unser Vorhaben ausreichen würden, und sich andererseits auch die zwei letzten leicht auf die ersteren zurückführen lassen, so scheint es doch der Mühe werth, das an sich wichtige Problem ganz allgemein zu behandeln. Die beiden Räume wollen wir in dieser allgemeinen Untersuchung mit s, S, die Function des Abstandes durch das Zeichen φ kennzeichnen. Wir haben dann bei Anwendung auf den zweiten Term für S den Raum s, bei Anwendung auf den dritten an Stelle von φ die Function Φ einzuführen. Es handelt sich also um das Integral

$$\iint ds\, dS\, \varphi(ds, dS),$$

das äusserlich die Form eines Doppelintegrals hat. In der That aber umfasst es, da die Elemente eines jeden Raumes von drei Variabeln abhängen, eine sechsfache Integration, die wir — wie gleich gezeigt wird — auf eine vierfache zurückführen können.

7.

Wir beginnen mit der Behandlung des Integrals $\int ds\,\varphi(\mu, ds)$, das über alle Theile des Raumes s zu erstrecken ist. Es bedeutet hierin μ einen bestimmten Punkt, der entweder ausserhalb oder innerhalb von s gelegen ist. Wir denken uns eine Kugelfläche mit dem Radius 1 um den Mittelpunkt μ herum beschrieben, und in unendlich kleine Elemente zerlegt. Es sei $d\Pi$ ein solches Flächenelement, und es schneide eine Gerade, die von μ aus gegen einen Punkt dieses Elementes geführt wird, die Oberfläche des Raumes s der Reihe nach in den Punkten p', p'', p''' u. s. w. Die Anzahl dieser Punkte wird eine gerade oder ungerade sein, jenachdem μ ausserhalb oder innerhalb von s liegt. Die Abstände $\mu p'$, $\mu p''$, $\mu p'''$ etc. bezeichnen wir mit r', r'', r''' etc. Es sollen ferner von μ aus nach den einzelnen Punkten der Peripherie des Elementes $d\Pi$ gerade Linien gezogen werden, so dass dadurch ein pyramidenförmiger Raum gebildet wird. Durch dessen Mantelfläche werden aus der Oberfläche des Raumes s an den Orten der Punkte p', p'', p''' etc. Flächenelemente herausgeschnitten, die wir mit dt', dt'', dt''' etc. bezeichnen wollen. Es sei endlich q' der Winkel, den die Gerade $p'\mu$ mit der äusseren Normalen auf dem Flächenelement dt' bildet. Analog seien q'', q''' ... die Winkel, die die entsprechenden Normalen bei p'', p''' ... mit der nach μ hin gezogenen Geraden einschliessen. Es wird somit offenbar

$$d\Pi = \pm\,\frac{dt'\cos q'}{r'^2} = \mp\,\frac{dt''\cos q''}{r''^2} = \pm\,\frac{dt'''\cos q'''}{r'''^2}\ \ \text{etc.}$$

Hierin [...] unteren Vorzeichen, je nachdem μ ausse[...] liegt.

Es [...]ss das Integral $\int ds\,\varphi(\mu, ds)$ für diejenig[...] s, die in unserem pyramidenförmigen Raume enthalten sind, wiedergegeben werden durch das Integral

$$d\Pi \int r^2 \varphi(r)\,dr,$$

das zu erstrecken ist von $r = r'$ bis $r = r''$, dann von $r = r'''$ bis $r = r''''$ u. s. f., wenn μ ausserhalb s liegt, oder aber von $r = 0$ bis $r = r'$, dann von $r = r''$ bis $r = r'''$ u. s. f., wenn μ innerhalb s liegt. Setzen wir nun das unbestimmte Integral

$$\int r^2 \varphi(r)\,dr = -\,\psi(r),$$

worin die Integrationsconstante willkürlich angenommen ist, so
erhält das Integral $\int ds\, \varphi(\mu, ds)$, in soweit es über die in dem
pyramidenförmigen Raume von s gelegenen Theile erstreckt
wird, den Werth

$$d\Pi(\psi(r') - \psi(r'') + \psi(r''') - \text{etc.})$$
$$= \frac{dt'\cos q'\,\psi(r')}{r'^2} + \frac{dt''\cos q''\,\psi(r'')}{r''^2} + \frac{dt'''\cos q'''\,\psi(r''')}{r'''^2} +$$

u. s. w.,

vorausgesetzt, dass μ ausserhalb s liegt; und

$$d\Pi(\psi(0) - \psi(r') + \psi(r'') + \psi(r''') + \text{etc.})$$
$$= d\Pi\,\psi(0) + \frac{dt'\cos q'\,\psi(r')}{r'^2} + \frac{dt''\cos q''\,\psi(r'')}{r''^2} + \frac{dt'''\cos q'''\,\psi(r''')}{r'''^2} +$$

u. s. w.,

wenn μ innerhalb des Raumes s liegt.

Erstrecken wir nun diese Summation auf alle Theile der
Kugeloberfläche, so wird das vollständige Integral $\int ds\, \varphi(\mu, ds)$

im ersten Falle $$= \int \frac{dt\cos q\,\psi(r)}{r^2},$$

im zweiten $$= 4\pi\,\psi(0) + \int \frac{dt\cos q\,\psi(r)}{r^2}.$$

Es bezeichnet hier dt unbestimmt alle Elemente der Oberfläche
des Raumes s, und q, r für diese Elemente das gleiche, was
die mit den Accenten versehenen entsprechenden Buchstaben
für die bestimmten einzelnen Elemente bedeutet haben. Endlich ist π der halbe Umfang des Einheitskreises.

Man erkennt ausserdem noch leicht, dass, wenn der Punkt
μ weder innerhalb, noch ausserhalb von s, sondern in der
Oberfläche selbst liegt, die zweite Formel gilt, nachdem der
Factor 4π durch 2π ersetzt ist, vorausgesetzt, dass die Oberfläche im Punkte μ weder eine Spitze, noch eine scharfe Kante
aufzuweisen hat. Für unseren Zweck aber ist es nicht nöthig,
auf diesen Fall einzugehen.

8.

Durch die Untersuchung des vorhergehenden Abschnittes
wird die Entwicklung des Integrals $\int\!\int ds\, dS\, \varphi(ds, dS)$ zurückgeführt auf

$$4\,\pi\,\sigma\,\psi(0) + \iint dt\,dS\;\frac{\cos q\;\psi\,(dt,dS)}{(dt,dS)^2}\,,$$

wenn wir mit σ das Volumen des Raumes bezeichnen, der beiden Räumen S und s gemeinsam ist. Es fällt somit der erste Term $4\,\pi\,\sigma\,\psi(0)$ weg, wenn beide Räume sich gegenseitig ausschliessen. Es bleibt noch ein neues Integral übrig, das dem Anschein nach immer noch zweifach, in der That aber fünffach ist. Um dieses auf ein Vierfaches zurückzuführen, betrachten wir das Integral:

$$\int dS\,\frac{\cos q\;\psi\,(\mu,dS)}{(\mu,dS)^2}\,,$$

das über alle Elemente des Raumes S zu erstrecken ist.

Es bezeichnet hierin wieder μ einen festen Punkt und q den Winkel zwischen zwei von diesem Punkte ausgehenden Geraden, von denen die eine gegen das Element dS hin gerichtet, die andere im Raume fest ist*). Dieses Integral, das dem Anscheine nach einfach, in Wirklichkeit dreifach ist, werden wir jetzt auf ein zweifaches zurückführen, und zwar auf zwei ganz verschiedene Arten.

Wir denken uns durch den Punkt μ eine Ebene, die wir mit Π bezeichnen, senkrecht zu der festen Geraden gelegt, und theilen diese, soweit sie von der Projection des Raumes S getroffen wird, in unendlich kleine Flächenelemente $d\Pi$. In einem Punkte eines solchen Elementes $d\Pi$ errichten wir eine Senkrechte zu Π, die der Reihe nach, d. h. beim Fortschreiten in einer zu der festen Geraden parallelen Richtung, die Oberfläche von S in den Punkten P', P'', P''' etc. schneidet. Die Abstände dieser Punkte von μ seien R', R'', R''' etc. Die in ähnlicher Weise in allen Punkten der Peripherie von $d\Pi$ senkrecht zu Π errichteten Geraden bilden einen prismatischen Raum und schneiden aus der Oberfläche von S Elemente heraus, die wir mit dT', dT'', dT''' u. s. w. bezeichnen wollen. Endlich sei χ' der Winkel zwischen den zwei von P' ausgehenden Geraden, von denen die eine auf dT' normal und nach aussen gerichtet, die ändere zu der festen Geraden parallel ist. Die entsprechenden Winkel für P'', P''' etc. seien χ'', χ''' etc. Es wird somit offenbar:

$$d\Pi = -\,dT'\cos\chi' = +\,dT''\cos\chi'' = -\,dT'''\cos\chi'''\ \text{etc.}$$

---

*) Diese wird nachher die Normale auf die Oberfläche von s. (W.)

Den prismatischen Raum wollen wir in unendlich kleine Elemente $d\Pi\, dz$ zerlegen, wo z den Abstand eines unbestimmten Punktes von der Ebene Π bezeichnet (z sei positiv nach der Richtung hin, nach welcher die feste Gerade weist). Wenn wir also den Abstand dieses Punktes von μ mit r bezeichnen, so ist

$$z = r \cos q,$$

und da $r^2 - z^2$ constant ist, wird $z\,dz = r\,dr$ oder:

$$d\Pi\, dr \cos q = d\Pi\, dr.$$

Hieraus schliessen wir, dass unser Integral

$$\int dS\, \frac{\cos q\, \psi(\mu, dS)}{(\mu, dS)^2},$$

soweit es sich auf die Theile des Raumes S erstreckt, die in dem prismatischen Raum enthalten sind, durch das Integral

$$d\Pi \int \frac{dr\, \psi(r)}{r^2}$$

ausgedrückt wird, welches zu erstrecken ist von $r = R'$ bis $r = R''$, ferner von $r = R'''$ bis $r = R''''$ u. s. w. Wenn wir also setzen

$$\int \frac{dr\, \psi(r)}{r^2} = -\, \vartheta(r)$$

mit willkürlich angenommenen Integrationsconstanten, dann wird unser Integral, soweit es sich auf die innerhalb des prismatischen Raumes gelegenen Theile von S erstreckt

$$= d\Pi(\vartheta(R') - \vartheta(R'') + \vartheta(R''') -\ \text{etc.})$$
$$= -\, dT' \cos \chi'\, \vartheta(R') - dT'' \cos \chi''\, \vartheta(R'') - dT''' \cos \chi'''\, \vartheta(R''')\ \text{etc.}$$

Addiren wir nun diese Summen, die für die Prismenräume aller einzelnen Elemente $d\Pi$ gelten, so sind offenbar dadurch alle Oberflächenelemente von S erschöpft, und wir haben das vollständige Integral

$$\int dS\, \frac{\cos q\, \psi(\mu, dS)}{(\mu, dS)^2} = -\int dT \cos \chi\, \vartheta(R).$$

Hierin bedeutet dT unbestimmt jedes Oberflächenelement von S, R dessen Abstand von μ, und χ den Winkel zwischen der äusseren Normalen auf dem Elemente dT und einer zu der festen Geraden parallelen Geraden.

Auf diese Weise ist also das Integral

$$\iint ds\, dS\, \varphi(ds, dS)$$

zurückgeführt auf die Form

$$4\pi\, \sigma\, \psi(0) - \iint dt\, dT \cos \chi\, \vartheta(dt, dT),$$

worin χ den Winkel bezeichnet, den die zwei Oberflächenelemente dt, dT mit einander einschliessen, gemessen durch die Neigung der beiden nach dem Aussenraume von s und S hin auf ihnen errichteten Normalen gegen einander. Die Integrationen sind über die ganzen Oberflächen der beiden Räume zu erstrecken.

9.

So wie die vorhergehende Methode mit einer Zerlegung des Raumes S in prismatische Raumelemente verknüpft ist, so erfordert die folgende eine Zerlegung dieses Raumes in pyramidenförmige Elemente. Wir denken uns eine Kugelfläche mit dem Radius 1 um den Punkt μ als Mittelpunkt gelegt und in unendlich kleine Flächenelemente zerlegt. Gegen einen Punkt eines solchen Elementes $d\Pi$ werde eine Gerade von μ aus gezogen, die die Oberfläche von S der Reihe nach in P', P'', P''' etc. treffen möge. Die Abstände dieser Punkte von μ seien R', R'', R''' etc. Die nach allen Punkten der Peripherie von $d\Pi$ hin gezogenen Geraden schliessen einen pyramidenförmigen Raum ein und schneiden bei den Punkten P', P'', P''' etc. aus der Oberfläche von S Flächenelemente heraus, die wir mit dT', dT'', dT''' etc. bezeichnen wollen. Es sei endlich Q' der Winkel, den die Gerade $P'\mu$ mit der äusseren Normalen auf dT' einschliesst. Q'', Q''' etc. sind die Winkel zwischen den entsprechenden Normalen in P'', P''' etc. und der Geraden nach μ. Es wird somit:

$$d\Pi = \pm \frac{dT' \cos Q'}{R'^2} = \mp \frac{dT'' \cos Q''}{R''^2} = \pm \frac{dT''' \cos Q'''}{R'''^2} \text{ etc.}$$

Hier gelten die oberen oder unteren Vorzeichen, je nachdem μ ausserhalb oder innerhalb von S liegt. Der Fall, dass μ auf der Oberfläche des Raumes S selber liegt, ist dem ersten oder zweiten Falle zuzuschreiben, je nachdem die Gerade $\mu P'$ ausserhalb von S liegt oder innerhalb.

Es leuchtet ein, dass für alle Theile des Raumes S, die

in jenem pyramidenförmigen Gebiete liegen, der Winkel q constant ist. Wir setzen jetzt das unbestimmte Integral

$$\int \psi(r)\,dr = -\theta(r)$$

mit willkürlich gewählter Integrationsconstante und es wird dann ähnlich wie früher in Abschnitt 7 das Integral

$$\int \frac{dS \cos q\, \psi(\mu, dS)}{(\mu, dS)^2},$$

insoweit es über alle in dem pyramidenförmigen Gebiete gelegenen Theile zu erstrecken ist, im ersten Falle

$$= \cos q \left(\frac{dT' \cos Q'\, \theta(R')}{R'^2} + \frac{dT'' \cos Q''\, \theta(R'')}{R''^2} \right.$$
$$\left. + \frac{dT''' \cos Q'''\, \theta(R''')}{R'''^2}\ \text{etc.} \right),$$

im zweiten Falle tritt hierzu noch der Term

$$d\Pi \cos q\, \theta(0).$$

Erstrecken wir jetzt diese Summation über alle Oberflächenelemente der Einheitskugel, so wird das vollständige Integral

$$\int \frac{dS \cos q\, \psi(\mu, dS)}{(\mu, dS)^2}$$

I. in dem Falle, wo der Punkt μ ausserhalb des Raumes S liegt

$$= \int \frac{dT \cos q \cos Q\, \theta(R)}{R^2}.$$

Hier bezeichnet dT unbestimmt alle Oberflächenelemente des Raumes S, und Q, R bezüglich dieses Elementes das gleiche, was früher die gleichen mit Accent versehenen Buchstaben für die bestimmten einzelnen Elemente dT' etc. besagten. Ferner bedeutet q die Neigung der vom Punkte μ aus nach dT hin gezogenen Geraden gegen unsere feste Gerade.

II. In dem Falle, wo μ innerhalb des Raumes S liegt, tritt zu dem Integral additiv noch der Term

$$\theta(0) \int d\Pi \cos q,$$

wo q den Winkel zwischen der von μ nach $d\Pi$ gezogenen

Geraden und der festen Geraden bedeutet, und die Integration hier über die ganze Kugeloberfläche zu erstrecken ist. Man überzeugt sich aber leicht, dass dieses Integral, erstreckt über die Halbkugel, innerhalb deren q ein spitzer Winkel ist, $= + \pi$ wird, über die andere Halbkugel' erstreckt aber $= - \pi$. Deshalb verschwindet das über die ganze Kugel erstreckte Integral, und es gilt also auch in diesem zweiten Falle ganz die gleiche Formel, die wir für den ersten aufgestellt haben. Anders verhält es sich im dritten,

III. in dem der Punkt μ auf der Oberfläche von S liegt. Auch hier tritt der Term

$$\theta(0) \int d\Pi \cos q$$

hinzu, aber die Integration ist nur über die Theile der Oberfläche der Kugel zu erstrecken, für die das Anfangsstück der von μ nach $d\Pi$ gezogenen Geraden in den Raum S fällt, oder (wenn wenigstens die Oberfläche von S bei μ weder eine Spitze noch eine Schneide bildet) für welche diese Gerade einen stumpfen Winkel mit der im Punkte μ auf S nach aussen hin errichteten Normalen bildet. Es bleibt uns also noch übrig, das sich unter diesen Gesichtspunkten bietende Integral zu ermitteln. Es mögen diese Normale und die feste Gerade die Kugeloberfläche resp. in den Punkten G, H schneiden, und es sei der Bogen $GH = k$, der Bogen zwischen G und einem variabeln Punkt der Kugelfläche $= v$; es sei schliesslich w der sphärische Winkel zwischen k und v. Auf die Weise wird

$$\cos q = \cos k \cos v + \sin k \sin v \cos w,$$

und für $d\Pi$ haben wir das Element $\sin v \, dv \, dw$ zu setzen. Es wird demnach das Integral

$$\int d\Pi \cos q$$

$$= \iint (\cos k \cos v + \sin k \sin v \cos w) \sin v \, dv \, dw,$$

und diese Integrale sind zu erstrecken von $w = 0$ bis $w = 360°$ und von $v = 90°$ bis $v = 180°$. Unter diesen Umständen liefert uns die erste Integration

$$\int 2\pi \cos k \cos v \sin v \, dv$$

und die zweite

$$- \pi \cos k\,.$$

Für unseren Zweck kommt nun dieser dritte Fall nur dann in Betracht, wenn die Oberflächen der Räume s und S ein gewisses endliches Stück der Oberfläche gemeinsam haben. Befindet sich der Punkt μ auf diesem, so wird entweder $k = 0$ oder $= 180^o$, und es wird somit $\int d\Pi \cos q$ entweder $= -\pi$ oder $= +\pi$, je nachdem die Räume s, S sich auf der gleichen oder auf entgegengesetzten Seiten bezüglich der gemeinsamen Tangentialebene beider Oberflächen befinden.

Wenden wir dieses Resultat auf das Integral an, von dem wir ausgegangen sind: $\iint ds\, dS\, \varphi(ds, dS)$, so wird dessen Werth:

I. wenn die Oberflächen der Räume s, S keinen gemeinsamen Theil haben

$$= 4\pi\sigma\psi(0) + \iint \frac{dt\, dT \cos q \cos Q\, \theta(dt, dT)}{(dt, dT)^2}\,;$$

II. wenn die Oberflächen von s und S einen endlichen Theil $= t$ gemeinsam haben

$$= 4\pi\sigma\psi(0) \mp \pi\, t\, \theta(0) + \iint \frac{dt\, dT \cos q \cos Q\, \theta(dt, dT)}{(dt, dT)^2}\,,$$

worin das obere oder untere Zeichen gilt, je nachdem die Räume s, S auf gleicher oder auf entgegengesetzten Seiten der gemeinsamen Oberfläche t liegen;

III. wenn die Oberflächen der Räume (s, S) mehrere discrete endliche Theile gemein haben, sei t die Summe derer, die von den Räumen s, S auf gleicher Seite, t' die Summe derer, die auf entgegengesetzter berührt werden. Dann wird unser Integral

$$= 4\pi\sigma\psi(0) + \pi(t' - t)\, \theta(0)$$
$$+ \iint \frac{dt\, dT \cos q \cos Q\, \theta(dt, dT)}{(dt, dT)^2}\,.$$

Diese dritte Formel kann als die Zusammenfassung aller möglichen Fälle aufgefasst werden. Das doppelte Integral ist über alle Elemente beider Oberflächen zu erstrecken. Es bezeichnen q, Q die Winkel, die die Verbindungslinie von dt und dT mit den beiden äusseren Normalen auf diesen Elementen bilden, und es ist hierbei die Richtung dieser Verbindungslinien für den Winkel q von dt nach dT, für den Winkel Q von dT nach dt als positiv zu erachten.

10.

Die zwei in Abschnitt 8 und 9 behandelten Umformungen des Integrals $\int ds\, dS\, \varphi(ds, dS)$ sind ungefähr von gleicher Einfachheit, für unseren Zweck ist aber die zweite geeigneter. Noch weiter kann das allgemeine Problem nicht reducirt werden, wenn wir nicht specielle Annahmen bezüglich der Räume s, S oder bezüglich der Function φ zu Grunde legen. Die Function φ leitet sich aus der Function f ab, und wir wollen bezüglich dieser unsere weitere Behandlung auf der gleichen Hypothese aufbauen, von der *Laplace* ausgegangen ist, dass nämlich die anziehenden Molecularkräfte erst in unmessbar kleinen Abständen messbare Werthe annehmen. Da dieser Ausdruck etwas Unbestimmtes hat, so lange wir nicht eine Einheit zu Grunde legen, wollen wir vor allem darauf aufmerksam machen, dass wir die anziehende Kraft $f(r)$, ausgedrückt als eine Function des Abstandes r, mit einer Masse multiplicirt denken müssen, damit sie mit der Gravitation g in den Dimensionen übereinstimmt. Der Sinn unserer Voraussetzung ist dann der folgende: Bezeichnet M irgend eine Masse, derart, wie sie uns in Experimenten vorkommt, nämlich eine, die im Vergleich mit der ganzen Erde als verschwindend angesehen werden kann, dann muss $Mf(r)$ immer unmerklich sein im Vergleich mit der Schwere, so lange r einen unseren Messungen zugänglichen, wenn auch noch so kleinen Werth hat. Gleichwohl hindert nichts, dass der Werth von $Mf(r)$ in unmessbar kleinen Abständen nicht nur merkbare Grössen annehmen, sondern beim Abnehmen von r sogar alle Grenzen übersteigen kann. Es ist überraschend, wie wichtige Thatsachen mathematisch speciellen Charakters sich aus dieser einen Hypothese ableiten lassen, auch wenn wir im Uebrigen das Gesetz der Function $f(r)$ als unbekannt ansehen: Und wenn auch diese Thatsache unter solchen Umständen eine absolute mathematische Genauigkeit nicht beanspruchen kann, so ist doch diese Genauigkeit sicher so gross, dass durch kein Experiment irgend eine Abweichung von der absoluten Wahrheit gefunden werden kann; denn sobald es gelänge, eine solche Abweichung einer Messung zu unterwerfen, dann würde die Hypothese selbst fallen müssen.

11.

Es wird die Annahme erlaubt sein, dass die Function $f(r)$ [und ebenso auch $F(r)$] eine Anziehung bedeutet, in der der Theil fehlt, der mit r^2 umgekehrt proportional ist und der zur Erklärung der astronomischen Erscheinungen dient; denn dieser Theil vermag an jedem Orte nur eine unmerklich kleine Beeinflussung der Schwere zu verursachen, wie beschaffen auch die Form der Flüssigkeit und des Gefässes ist. Wenn also r von einem messbaren Werthe an ins Unendliche wächst, so wird $f(r)$ nicht nur an sich unendlich klein, sondern es wird sogar schneller abnehmen als $\dfrac{1}{r^2}$. Hieraus folgt leicht, dass auch das Integral $\int f(r)\,dr$, von einem messbaren Werthe bis ins Unendliche erstreckt, unmessbar klein ist. Wir denken uns daher die Integrationsconstante von:

$$\int f(r)\,dr = -\varphi(r)$$

so festgesetzt, dass sich ergiebt:

$$\varphi(\infty) = 0$$

oder so, dass $\varphi(r)$ den Werth des Integrals $\displaystyle\int_r^\infty f(x)\,dx$ bedeutet. Nach dieser Festsetzung bedeutet $\varphi(r)$ für jeden Abstand r eine positive Grösse, die aber unendlich klein ist, so lange r messbar ist; dagegen kann $\varphi(r)$ für einen unmessbar kleinen Werth von r nicht nur endlich sein, sondern sogar bei stetig abnehmendem r alle Grenzen übersteigen. Mit anderen Worten, es steht nichts im Wege, dass $\varphi(0) = \infty$ wird.

12.

Da also die Function $\varphi(r)$ für jeden messbaren Werth von r unmessbar klein ist und mit wachsendem r stetig abnimmt, so folgt sogleich, dass das Integral $\int r^2 \varphi(r)\,dr$ von irgend einem messbaren Werthe bis zu einem anderen grösseren erstreckt auch jetzt noch unmessbar bleibt, wenn nur dieser zweite Werth in den Grenzen des dem Experiment Zugänglichen liegt: man darf aber aus dieser einen Eigenschaft keineswegs schliessen, dass das Integral unmessbar bleibt, wenn wir die Integration bis zu einem beliebig grossen Werthe von r erstrecken. Die Rechnungen von *Laplace* sind so dargestellt, dass sie eine solche Hypothese einschliessen; aber da die Natur der Function $\varphi(r)$ uns unbekannt ist, scheint es vorsichtiger, von allen Hypothesen abzusehen, deren wir nicht unbedingt bedürfen. Da nun die Integrationsconstante von

$$\int r^2 \varphi(r)\,dr = -\psi(r)$$

willkürlich ist, so genügt es, sie so gewählt zu denken, dass $\psi(r) = 0$ wird für irgend einen willkürlichen messbaren Werth von r, der nur in dem Gebiete der Körper gelegen ist, die wir in unser Experiment einbegreifen können. Unter dieser Voraussetzung wird $\psi(r)$ für jeden ähnlichen Werth immer unmessbar klein sein (positiv für einen kleineren, negativ für einen grösseren Werth), aber es steht hier nichts im Wege, dass $\psi(r)$ für einen unmessbar kleinen Werth von r messbare Grenzen erreicht. Es muss noch hinzugefügt werden, dass die Erklärung der Erscheinungen die Annahme erfordert, dass bei einem ins Unendliche abnehmenden r der Werth von $\psi(r)$ immer endlich bleibt, dass also $\psi(0)$ eine endliche Grösse ist.

Es ist im Uebrigen offenbar $\dfrac{c\,\psi(r)}{r}$ von gleicher Dimension

wie g, also $\dfrac{c\,\psi(r)}{g}$ eine Länge und $\dfrac{c\,\psi(0)}{g}$ eine durch die Natur der Körper, auf deren anziehende Kräfte sich $f(r)$ bezieht, bestimmte Länge, deren Grösse wir zwar als sehr beträchtlich vermuthen können, die wir aber in bestimmten Fällen kaum angenähert anzugeben vermögen, wenigstens nicht ohne Zuhilfenahme von irgend welchen Hypothesen*).

---

*) Wenn man die Lichterscheinungen nach der Emanationstheorie erklärt, hängt die Brechung ab von der molecularen Anziehung der Theilchen des durchsichtigen Körpers auf die Lichttheilchen, und das Brechungsverhältniss von dem Werthe $\psi(0)$, und zwar in der Art, dass

$$\frac{c\,\psi(0)}{g} = \frac{(n^2-1)\,k^2}{8\,\pi^3\,l}$$

13.

Wir haben weiter in ähnlicher Weise bei der Integration $\int \psi(r)dr = -\theta(r)$ die Constante so gewählt zu denken, dass $\theta(r) = 0$ wird für einen willkürlich zu wählenden Werth von r, innerhalb der Grenzen gelegen, die uns für unser Experiment zugänglich sind. Es wird so wieder $\theta(r)$ unmessbar klein für jeden derartigen messbaren Werth von r, kann aber trotzdem messbar werden für ein unmessbar kleines r. Offenbar erhält $\dfrac{c\,\theta(r)}{g}$ die Dimensionen einer Fläche, und es wird $\dfrac{\theta(r)}{\psi(r)}$ eine Länge. Nothwendiger Weise aber wird $\dfrac{\theta(0)}{\psi(0)}$ eine unmessbar kleine Länge, was wir folgendermassen beweisen. Da $\psi(r)$ von $r = 0$ an continuirlich abnimmt, und zwar so schnell, dass es schon unmessbar klein geworden ist, wenn r einen messbaren Werth erreicht hat, so folgt, dass der Werth von r, für den $\psi(r) = \tfrac{1}{2}\psi(0)$ wird, noch unmessbar klein ist. Wir wollen ihn ϱ nennen. Wir betrachten das Integral

$$\int\limits_{0}^{R} [\psi(0) - \psi(r)]dr\,,$$

das $= R\psi(0) - \theta(0) + \theta(R)$ wird. Offenbar muss dieses Integral grösser sein, als wenn wir es blos von $r = \varrho$ bis $r = R$ integriren, und dieses wieder grösser, als das Integral

$$\int [\psi(0) - \psi(\varrho)]dr\,,$$

in denselben Grenzen integrirt. Da nun dieses letztere Integral den Werth erhält:

$$= [\psi(0) - \psi(\varrho)](R - \varrho) = \tfrac{1}{2}\psi(0)(R - \varrho)\,,$$

---

ist. Es ist hierin l die Länge des Secundenpendels, k der vom Lichte im Vacuum in der Secunde zurückgelegte Weg, n das Verhältniss der Sinus des Einfallswinkels und des Brechungswinkels. Unter dieser Annahme wird für Wasser $\dfrac{c\,\psi(0)}{g}$ zweitausendmal grösser als die mittlere Entfernung der Sonne von der Erde.

so wird allgemein für jeden Werth R (grösser als ϱ)

$$R\psi(0) - \theta(0) + \theta(R) > \tfrac{1}{2}\psi(0)(R - \varrho).$$

Setzen wir jetzt für R den Werth des Bruches $\dfrac{\theta(0)}{\psi(0)}$, so wird aus dieser Relation:

$$\theta(R) > \tfrac{1}{2}\psi(0)(R - \varrho),$$

eine Beziehung, die widersinnig sein würde, wenn R eine messbare Grösse wäre.

Während also $\psi(0)$ eine sehr bedeutende Grösse ist, so kann gleichwohl $\theta(0)$ von mässiger Grösse und mit den Dimensionen der bei unserem Experiment vorhandenen Körper wohl vergleichbar sein.

<h3 style="text-align:center">14.</h3>

Es bleibt uns noch zu untersuchen, was aus dieser Eigenschaft der Function θ für das Integral

$$\int \frac{dt\, dT \cos q \cos Q\, \theta(dt, dT)}{(dt, dT)^2} \quad \dots \dots \dots \text{(I)}$$

folgt. Wir machen den Anfang mit einer einfacheren Untersuchung, indem wir einen auf der einen Oberfläche festliegenden Punkt μ betrachten und das über die ganze Oberfläche t zu erstreckende Integral

$$\int \frac{dt \cos q \cos Q\, \theta(\mu, dt)}{(\mu, dt)^2} \quad \dots \dots \dots \text{(II)}$$

untersuchen. Es bezeichnet hierin Q den Winkel zwischen zwei von μ ausgehenden Geraden, von denen die eine gegen das Element dt gerichtet, die andere im Raume fest ist; q den Winkel zwischen den zwei von dt ausgehenden Geraden, deren eine nach μ hin gerichtet ist, die andere auf dt nach aussen hin senkrecht steht.

Zunächst bemerken wir, dass, wenn der Punkt μ in messbarem Abstand von der Oberfläche t entfernt liegt, alle Werthe $\theta(\mu, dt)$ unmessbar klein werden. In diesem Falle wird also das ganze Integral (II) unmessbar klein. Es erlangt also dieses Integral nur dann einen messbaren Werth, wenn die Oberfläche t Theile besitzt, die in unmessbar kleinem Abstand vom Punkte μ liegen, und es genügt dann offenbar, das Integral (II) nur über diese Theile zu erstrecken. Alle in messbarem Abstand gelegenen Theile können wir vernachlässigen.

Wir setzen jetzt für $\dfrac{dt \cos q}{(\mu, dt)^2}$ den Werth $\pm d\Pi$ ein, so dass $d\Pi$ das Oberflächenelement der um μ beschriebenen Einheitskugel bedeutet, auf welches das Element dt vom Punkt μ aus gesehen projicirt wird. Es gilt das obere oder untere Vorzeichen, je nachdem dt seine äussere oder innere Seite dem Punkte μ zukehrt. Es wird somit das Integral (II)

$$= \int \pm d\Pi \cos Q \, \theta(\mu, dt),$$

und es ergiebt sich, dass dieses Integral nur dann einen messbaren Werth annehmen kann, wenn diejenigen Elemente $d\Pi$, die zu unmessbar kleinen Abständen (μ, dt) gehören, einen messbar grossen Raum auf der Kugeloberfläche erfüllen.

Hieraus kann man leicht folgern, dass unser Integral, allgemein gesagt, auch dann noch unmessbar klein bleibt, wenn der Punkt μ auf der Oberfläche t selber liegt. Denn es ergiebt sich, dass die Projectionen aller der Elemente dt, die von μ unmessbar kleinen Abstand haben, auch von dem grössten Kreis, den die Tangentialebene an t im Punkte μ aus der Kugelfläche herausschneidet, unmessbar kleinen Abstand haben. Es müssen aber drei Fälle ausgenommen werden, nämlich

1. der Fall, wo die Krümmungsradien der Fläche t im Punkte μ unmessbar klein sind;

2. der Fall, dass die Continuität der Krümmung von t im Punkte μ oder in unmessbar kleinem Abstand von ihm eine Unterbrechung erfährt (vgl. Disquis. gen. circu superficies curvas art. 3)*);

3. der Fall, wo die Oberfläche t noch einen anderen von μ unmessbar wenig entfernten Theil enthält, also wenn bei diesem Punkte die Dicke des Raumes s unmessbar klein ist. Diesen Fall können wir übrigens dem unterordnen, den wir im folgenden Artikel behandeln werden.

---

*) Klassiker d. e. W. Nr. 5.

15.

Es bleibt uns noch der Fall, wo der Punkt μ nicht selbst auf der Oberfläche t liegt, aber doch in unmessbar kleinem Abstand von ihr. In diesem Falle kann jedenfalls unser Integral einen messbaren Werth haben, und diesen wollen wir jetzt eingehender untersuchen.

Es mögen die vom Punkte μ auf die Fläche t gefällte Normale und die von μ ausgehende im Raume feste Gerade die Kugeloberfläche in den Punkten G und H schneiden, und es werde der Bogen $GH = k$ gesetzt. Der Bogen zwischen G und einem variabeln Punkte der Kugelfläche sei v. Es sei endlich w der sphärische Winkel zwischen k und v. Es darf nach diesen Festsetzungen für das Element $d\Pi$ gesetzt werden:

$$\sin v \, dv \, dw \, ,$$

und demnach wird, wenn wir statt (μ, dt) der Kürze halber r schreiben, das Integral (II)

$$= \iint \pm (\cos k \cos v + \sin k \sin v \cos w)\, \theta(r) \sin v \; dv \, dw.$$

Die Integration braucht hierin nur über die Theile der Kugeloberfläche erstreckt zu werden, gegen die die unmessbar kleinen Abstände r gerichtet sind. Es beziehen sich diese auf einen unmessbar kleinen Theil der Oberfläche t. Sehen wir diesen Theil als eben an und bezeichnen wir den kleinsten Abstand desselben von μ (den Abstand, der dem Punkte G, also dem Werthe $v = 0$ entspricht) mit ϱ, so wird $r = \dfrac{\varrho}{\cos v}$, also von w unabhängig. Führen wir also die Integration bezüglich der Variabeln w durch, und zwar von $w = 0$ bis $w = 360^\circ$, so wird unser Integral

$$= \pm \int 2\pi\, \theta(r) \cos k \cos v \sin v \, dv$$

$$= \pm \int \frac{2\pi \cos k \, \varrho^2 \theta(r)\, dr}{r^3}\, .$$

Hierin ist die Integration zu erstrecken von $r = \varrho$ bis zu einem willkürlichen messbar grossen, sonst aber beliebig kleinen Werth von r.

Setzen wir also das unbestimmte Integral

$$2\,r^2 \int \frac{\theta(r)\,dr}{r^3} = -\,\theta'(r),$$

und bestimmen wir die Integrationsconstante so, dass

$$\int \frac{\theta(r)\,dr}{r^3} = 0$$

wird für einen beliebigen messbaren Werth innerhalb der dem Experiment zugänglichen Grenzen, dann wird das Integral (II) unter Vernachlässigung von unmessbar kleinen Grössen

$$= \pm\,\pi\,\cos k\theta'(r).$$

Sollte es zweifelhaft sein, ob es erlaubt ist, den Antheil der Oberfläche t, der innerhalb unmessbarer Enfernung von μ gelegen ist, als Ebene anzusehen, so denken wir ihn uns als Kugelfläche. Es sei dann R der Abstand des Kugelmittelpunktes vom Punkte μ, positiv oder negativ zu setzen, je nachdem der Mittelpunkt von μ aus in Richtung nach G hin gelegen ist oder entgegengesetzt. Es wird dann

$$\cos v = \frac{\varrho}{r}\left(1 - \frac{\varrho}{2R}\right) + \frac{r}{2R},$$

$$\sin v\,dv = \left[\frac{\varrho}{r^2}\left(1 - \frac{\varrho}{2R}\right) - \frac{1}{2R}\right]dr,$$

und hieraus kann man leicht entnehmen, dass das Integral nicht um einen merklichen Betrag von dem früher gefundenen Werth $\pm\,\pi\,\cos k\theta'(\varrho)$ abweicht, so lange wenigstens R einen messbar grossen Werth besitzt. Wie beschaffen nun aber auch die Krümmung der Oberfläche t an der in Betracht kommenden Stelle ist, es lassen sich immer zwei Kugelflächen finden, die die Oberfläche t in dem μ am nächsten gelegenen Punkte berühren, so dass t zwischen diesen beiden gelegen ist, und deren Radien endliche Grössen haben. Dann muss offenbar auch unser Integral zwischen die auf diese beiden Kugelflächen bezogenen Integrale fallen, und es wird ohne merklichen Fehler durch eben dieselbe Formel ausgedrückt. Eine Ausnahme tritt nur dann ein, wenn die Oberfläche t in unmessbar kleinem Abstand von μ eine Krümmung von unmessbar kleinem Krümmungsradius oder eine Schneide oder eine Spitze besitzt.

16.

Gehen wir jetzt vom Integral (II) zum Integral (I) über, so ist es klar, dass dieses nicht nur in dem Falle unmessbar klein wird, wenn (II) für keinen Punkt der Oberfläche T einen messbaren Werth erhält, sondern auch dann, wenn die Gesammtheit der Elemente von T, für deren Punkte das Integral (II) endlich wird, nur eine Fläche von unmessbar kleiner Grösse ausmacht. Aus dieser Erwägung geht hervor, dass das Integral (I) nur dann einen messbar grossen Werth erreicht, wenn die Oberfläche T einen oder mehrere Theile von endlicher Grösse enthält, die von der Oberfläche t in unmessbar kleinem Abstand liegen. Da diese Theile von der Parallelität mit der Oberfläche t nicht merklich abweichen können, so kann für keinen dieser Punkte cos k merklich von $+1$ oder von -1 abweichen, je nachdem die Oberfläche T ihre äussere oder innere Seite der Oberfläche t zukehrt.

Bezeichnen wir nun mit τ, τ' die Theile von T, die in unmessbarem Abstand von t liegen, und zwar mit τ die Summe aller derer, bei denen die äussere Seite der einen der inneren Seite der anderen zugekehrt ist, mit τ' die, bei der gleichartige Seiten einander zugekehrt sind; bezeichnen wir ferner mit ϱ den kleinsten Abstand eines jeden Elementes $d\tau$ oder $d\tau'$ von t, dann wird das Integral (I) unter Vernachlässigung unmessbar kleiner Grössen

$$= -\int \pi\,\theta'(\varrho)\,d\tau + \int \pi\,\theta'(\varrho)\,d\tau'\,.$$

Es ist offenbar hier kein Unterschied, ob wir die Antheile τ, τ' auf die Oberfläche T oder t beziehen.

Auf diese Weise haben wir also bereits eine Lösung des Problems erhalten, das wir uns im Abschnitt 6 gestellt haben, und zwar auf Grund der Eigenschaft der Function φ, auf die sich unsere Untersuchung über das Gleichgewicht von Flüssigkeiten stützt. Es ergiebt sich danach:

$$\iint ds\,dS\,\varphi(ds,dS)$$

$$= 4\,\pi\,\sigma\,\psi(0) - \pi\,\mathfrak{t}\,\theta(0) + \pi\,\mathfrak{t}'\,\theta(0) - \pi\int d\tau\,\theta'(\varrho)$$

$$+ \pi\int d\tau'\,\theta'(\varrho)\,.$$

$$17.$$

Die Function θ' lässt sich definiren durch

$$\frac{\theta'(r)}{r^2} = \int \frac{2\,\theta(x)\,dx}{x^3},$$

wobei das Integral zwischen den Grenzen $x = r$ und einem willkürlich festzusetzenden constanten messbaren Werthe zu erstrecken ist, den wir hier mit R bezeichnen wollen. Offenbar wird dieses Integral kleiner sein als $\int \frac{2\,\theta(r)\,dx}{x^3}$, zwischen denselben Grenzen integrirt, und dieses ist $= \frac{\theta(r)}{r^2} - \frac{\theta(r)}{R^2}$.

Es wird also erst recht kleiner sein als $\frac{\theta(r)}{r^2}$. Da sich nun bei unbestimmter Integration ergiebt:

$$\int \frac{2\,\theta(x)\,dx}{x^3} = -\frac{\theta(x)}{x^2} + \int \frac{d\theta(x)}{x^2} = -\frac{\theta(x)}{x^2} - \int \frac{\psi(x)\,dx}{x^2},$$

so folgt:

$$\frac{\theta'(r)}{r^2} = \frac{\theta(r)}{r^2} - \frac{\theta(R)}{R^2} - \int_r^R \frac{\psi(x)\,dx}{x^2},$$

und das hierin enthaltene Integral ist wieder kleiner als $\int \frac{\psi(r)\,dx}{x^2}$ und um so mehr kleiner als $\frac{\psi(r)}{r}$; deshalb wird der Werth von $\frac{\theta'(r)}{r^2}$ grösser als

$$\frac{\theta(r)}{r^2} - \frac{\theta(R)}{R^2} - \frac{\psi(r)}{r}.$$

Es fällt also $\theta'(r)$ zwischen die Grenzen

$$\theta(r) \quad \text{und} \quad \theta(r) - r^2 \frac{\theta(R)}{R^2} - r\,\psi(r),$$

deren Differenz mit unendlich abnehmendem r jedenfalls kleiner werden kann als eine beliebig anzugebende Grösse, weil wir voraussetzen, dass $\psi(0)$ eine endliche Grösse ist. Hieraus entnehmen wir, dass $\theta'(0) = \theta(0)$ zu setzen ist. Es geht daraus hervor, dass wir in der Gleichung, zu der wir im vorigen Abschnitt gelangt sind, den Term $-\pi t\,\theta(0)$ in dem Term $-\pi\int d\tau\,\theta'(\varrho)$, und den Term $\pi t'\theta(0)$ in dem Term $\pi\int d\tau'\theta'(\varrho)$ enthalten denken können, wenn wir den Abstand 0 als Specialfall des unmessbar kleinen Abstandes ansehen, und wenn wir die Theile t, t' mit unter die Theile τ, τ' rechnen.

Aber wenn wir auch hierdurch eine im mathematischen Sinne elegantere Lösung erhalten, so ist es doch für unsere Absicht zweckdienlicher, den Unterschied zwischen den beiden Arten von Flächentheilen aufrecht zu erhalten.

18.

Wenden wir die vorliegende Untersuchung auf den zweiten Term des Ausdrucks Ω (Abschnitt 3) an, so wird der zweite Raum, den wir von Abschnitt 6 an mit S bezeichnet haben, identisch mit dem ersten; was in Abschnitt 16 also σ, t, t' war, das wird jetzt s, t, 0, wenn t die ganze Oberfläche des von Flüssigkeit erfüllten Raumes s bedeutet. In dem Falle aber, wo dieser Raum weder Theile von zwar messbarer Ausdehnung, aber unmessbar kleiner Dicke enthält, noch auch Zwischenräume (Spalten) von gleicher Beschaffenheit, wird das zweite Glied von Ω

$$= \tfrac{1}{2}\pi c^2[4\,s\,\psi(0) - t\theta(0)].$$

Es giebt hiervon zwei Ausnahmen.

1. Wenn der Raum s einen unmessbar dünnen Theil enthält, dann besitzt dieser Theil zwei bis auf unmessbare Grössen gleiche Oberflächen, deren jede wir mit t' bezeichnen wollen. Die Dicke des Raumes an der Stelle jeden Elementes dt' bezeichnen wir unbestimmt mit ϱ. Es tritt dann zu vorigem Werthe noch das Glied hinzu

$$\pi c^2 \int \theta'(\varrho)\,dt'\,.$$

2. Wenn der Raum s eine unmerklich schmale Höhlung enthält, dann tritt ein ähnlicher Term hinzu, nämlich

$$\pi c^2 \int \theta'(\varrho)\,dt''\,,$$

wenn wir mit t'' jede der beiden benachbarten Flächen des
Spaltes bezeichnen und wieder mit ϱ die laufende Dicke des
Spaltes.

Bei der Umformung des dritten Gliedes im Ausdrucke Ω
müssen wir das Zeichen S beibehalten, um damit den vom
Gefässe erfüllten Raum zu bezeichnen. An Stelle des Functions-
zeichens f tritt F für die anziehende Molecularkraft des Gefässes ein, und an Stelle der durch $\varphi, \psi, \theta, \theta'$ ausgedrückten
Functionen treten andere, die wir mit Φ, Ψ, Θ, Θ' wieder-
geben wollen. Diese sollen von F ebenso abhängen, wie jene
von f. Was bei der allgemeinen Untersuchung σ, t' war,
nimmt hier offenbar den Werth 0 an. Für t führen wir hier
den Buchstaben T ein, der nicht die ganze Oberfläche S, sondern nur den Theil bezeichnen soll, an den die Flüssigkeit
angrenzt. Es wird unter dieser Festsetzung der dritte Theil
von Ω im allgemeinen

$$= \pi c\, C\, T\, \Theta(0),$$

und auch hier treten zwei Ausnahmefälle ein, nämlich

3. Wenn in der Nähe eines messbaren Gebietes T' der
Oberfläche T die Flüssigkeit eine unmessbar kleine Dicke hat,
die mit ϱ bezeichnet werde, so kommt der Term

$$- \pi c\, C \int \Theta'(\varrho)\, dT'$$

hinzu.

4. Wenn die Oberfläche des Gefässes ausser dem Theile
T, der der Flüssigkeit anliegt, noch einen anderen Theil T''
besitzt, der zwar die Flüssigkeit nicht berührt, aber ihr doch
in unmessbar kleinem Abstand benachbart ist, so tritt ein
Term hinzu

$$+ \pi c\, C \int \Theta'(\varrho)\, dT'',$$

worin wieder ϱ den Abstand des dünnen Zwischenraumes
bedeutet.

Es wäre überflüssig, länger bei dem ersten Ausnahmefalle,
soweit er nicht im dritten mit einbegriffen ist, und ebenso
beim zweiten und vierten zu verweilen; denn wenn auch in
gewissen hierunter fallenden Fällen — die aber sehr specieller
Natur sind — Gleichgewicht der Flüssigkeit statthaben kann,
so ist doch ein solches Gleichgewicht weder stabil noch auch
dem Experiment zugänglich.

Dagegen ist der erste Ausnahmefall, soweit er im dritten enthalten ist, für die Theorie durchaus wesentlich. Gleichwohl soll er aber einstweilen bei Seite gelassen werden, um zunächst einmal die Gleichgewichtsbedingungen, wie sie ohne eine dem Gefässe anhaftende Flüssigkeitshaut gelten, zu untersuchen.

Wir sehen also vorerst von allen Ausnahmen ab. Es wird dann der Ausdruck, dessen Werth im Zustand des Gleichgewichts ein Maximum sein muss, gegeben sein durch

$$- g c \int z \, ds + 2 \pi c^2 s \, \psi(0) - \tfrac{1}{2} \pi c^2 t \theta(0) + \pi c \, C T \Theta(0),$$

und da bei allen Veränderungen, die die Gestalt der Flüssigkeit eingehen kann, der Raum s unveränderlich bleibt, so muss der Ausdruck:

$$\int z \, ds + \frac{\pi c \theta(0)}{2g} t - \frac{\pi C \Theta(0)}{g} T$$

im Gleichgewichtszustand ein Minimum werden.

Wir haben bereits früher angegeben, dass $\dfrac{c \theta(0)}{g}$ einen Raum zweier Dimensionen bedeute, und dasselbe gilt von $\dfrac{C \Theta(0)}{g}$.

Setzen wir also:

$$\frac{\pi c \theta(0)}{2g} = \alpha^2; \qquad \frac{\pi C \Theta(0)}{2g} = \beta^2,$$

so werden α, β constante Längen, abhängig von dem Verhältniss der Schwere zu der Grösse der Kräfte, die die Theilchen der Flüssigkeit unter sich und von den Molekülen des Gefässes erfahren. Wenn wir ferner die freie Oberfläche der Flüssigkeit, also die, die dem Gefässe nicht anliegt, mit U bezeichnen, so dass $t = T + U$ wird, dann muss der folgende Ausdruck, den wir W nennen wollen, im Zustand des Gleichgewichts ein Minimum sein:

$$W = \int z \, ds + (\alpha^2 - 2\beta^2) \, T + \alpha^2 U.$$

19.

Bevor wir allgemein und vollständig untersuchen, was sich aus diesem wichtigen Theorem folgern lässt, lohnt es sich wohl zu zeigen, mit welcher Leichtigkeit das Grundphänomen in Capillarröhren sich daraus ergiebt.

Wir denken uns eine Flüssigkeit im Gleichgewicht in einem zweischenkligen Gefässe, und zwar so, dass ein Theil der freien Flüssigkeitsoberfläche sich im einen, ein anderer Theil im anderen Schenkel befindet. Die Gefässwandungen setzen wir in der Nachbarschaft dieser Oberflächentheile als vertical voraus. Es sei a der Flächeninhalt des inneren Horizontalschnittes des ersten Schenkels (genauer gesagt, der Flächeninhalt der horizontalen Projection der freien Oberfläche im ersten Schenkel), b die Peripherie desselben. Es sei ferner ah das Flüssigkeitsvolumen in diesem Schenkel, unter der Voraussetzung, dass man die Verticalwandung bis zu der Ebene, von der aus z gerechnet wird, abwärts verlängert denkt, oder, was aufs Gleiche hinauskommt, es sei h eine mittlere Höhe der Flüssigkeit über dieser Ebene. Ebenso sollen im zweiten Schenkel die entsprechenden Stücke mit a', b', h' bezeichnet werden. Stellen wir uns jetzt vor, dass die Einstellung der Flüssigkeit eine unendlich kleine Veränderung erfährt, und zwar derart, dass beide Theile der freien Oberfläche ihre Form beibehalten, dann wird die Variation des ersten Theiles von W, also des

Integrals $\int z\,ds$ offenbar

$$= ahdh + a'h'dh',$$

die Variation von T aber

$$= bdh + b'dh'.$$

Nach Voraussetzung wird aber $dU = 0$. Also folgt:

$$dW = ahdh + a'h'dh' - (2\beta^2 - \alpha^2)(bdh + b'dh').$$

Da nun ferner das Gesammtvolumen der Flüssigkeit unverändert bleibt, so folgt:

$$adh + a'dh' = 0$$

und deshalb:

$$dW = dh\left[a(h - h') - (2\beta^2 - \alpha^2)\left(b - \frac{ab'}{a'}\right)\right]$$

Die Bedingung, dass W im Zustand des Gleichgewichts ein Minimum sein soll, führt also zu der Gleichung, die die Haupterscheinungen der Capillarröhren umfasst:

$$h - h' = (2\,\beta^2 - \alpha^2)\left(\frac{b}{a} - \frac{b'}{a'}\right).$$

Und es ergiebt sich sofort, dass dieser Gleichung in der That ein Minimum von W entspricht, denn es wird

$$\frac{d^2 W}{dh^2} = a + \frac{a^2}{a'},$$

also wesentlich positiv.

Der zweite Schenkel wird weiter als der erste genannt, wenn der Quotient $\dfrac{a'}{b'}$ grösser als $\dfrac{a}{b}$ ist. Es wird also die Flüssigkeit im engeren Schenkel stärker herabgedrückt oder stärker gehoben als im weiteren, je nachdem β^2 kleiner oder grösser als α^2 ist; und wenn zufällig einmal $\beta^2 = \dfrac{\alpha^2}{2}$ wäre, dann würden die Höhen in beiden Schenkeln gleich sein. Wenn der zweite Schenkel so weit ist, dass $\dfrac{b'}{a'}$ gegen $\dfrac{b}{a}$ vernachlässigt werden kann, dann wird angenähert

$$h - h' = (2\,\beta^2 - \alpha^2)\frac{b}{a}.$$

Es ist demnach in cylindrischen Capillaren die Senkung oder Hebung einer Flüssigkeit dem Durchmesser des Rohres umgekehrt proportional. Alles dies stimmt sowohl mit dem Experiment als auch mit den Ergebnissen, die *Laplace* theoretisch abgeleitet hat, überein.

Wenn das Gefäss mit mehreren Verticalschenkeln, die alle mit einander communiciren, versehen ist, und es bedeuten a'', b'', h'' für den dritten, a''', b''', h''' für den vierten Schenkel u. s. f. das Gleiche wie a, b, h für den ersten, dann ergiebt sich auch:

$$h - h'' = (2\,\beta^2 - \alpha^2)\left(\frac{b}{a} - \frac{b''}{a''}\right),$$

$$h - h''' = (2\,\beta^2 - \alpha^2)\left(\frac{b}{a} - \frac{b'''}{a'''}\right).$$

Eleganter schreibt sich das in folgender Gestalt:

$$h - (2\,\beta^2 - \alpha^2)\frac{b}{a} = h' - (2\,\beta^2 - \alpha^2)\frac{b'}{a'}$$

$$= h'' - (2\,\beta^2 - \alpha^2)\frac{b''}{a''} = h''' - (2\,\beta^2 - \alpha^2)\frac{b'''}{a'''} \text{ etc.}$$

Da die Horizontalebene, von der aus die Höhen gerechnet werden, willkürlich ist, so ergiebt sich, wenn man sie so wählt, dass

$$h = (2\,\beta^2 - \alpha^2)\frac{b}{a}\,,$$

dass auch in den übrigen Schenkeln

$$h' = (2\,\beta^2 - \alpha^2)\frac{b'}{a'}\,, \quad h'' = (2\,\beta^2 - \alpha^2)\frac{b''}{a''}\,,$$

$$h''' = (2\,\beta^2 - \alpha^2)\frac{b'''}{a'''}\,, \text{ etc.}$$

Diese Ebene, die wir späterhin noch allgemeiner definiren werden, kann man die »normale Horizontalebene« nennen (plan de niveau). Denken wir uns (wenn es nöthig ist) die Verticalwände der einzelnen Schenkel bis zu dieser Ebene verlängert, so bedeuten ah, $a'h'$, $a''h''$ etc., wenn $2\,\beta^2 > \alpha^2$, die Mengen der in den einzelnen Schenkeln über diese Ebene gehobenen Flüssigkeit, oder wenn $2\,\beta^2 < \alpha^2$, die unter dieser Ebene fehlenden Flüssigkeitsmengen. Diese Mengen sind also gleich dem Product aus der constanten Flächengrösse $(2\,\beta^2 - \alpha^2)$ und den Peripherien b, b', b'', b''' etc.

20.

Es liegt uns jetzt die Aufgabe ob, aus dem Theorem im Abschnitt 18 die Beschaffenheit der Gleichgewichtsfigur zu bestimmen, eine Aufgabe, die in der Hauptsache auf die allgemeine Entwicklung der Variation hinauskommt, die der Ausdruck W erfährt, wenn die Form des von Flüssigkeit erfüllten Raumes irgend eine unendlich kleine Aenderung eingeht. Da aber die Variationsrechnung für doppelte Integrale in dem Falle, wo auch die Grenzen als variabel anzusehen sind, bisher noch wenig ausgebaut ist, so ist es nöthig, diese Untersuchung etwas tiefer anzugreifen.

Wir wollen von der Oberfläche, die den Raum s vom übrigen Raume trennt, den Theil U betrachten, und setzen voraus, dass jeder seiner Punkte durch drei Coordinaten x, y, z bestimmt sei. Die dritte von diesen sei der Abstand von einer willkürlichen Horizontalebene. Man kann deshalb z als Function der unabhängigen Variabeln x, y ansehen, und wir bezeichnen die partiellen Differentiale dieser Function, wie gebräuchlich, mit

$$\frac{\delta z}{\delta x} dx \; ; \quad \frac{\delta z}{\delta y} dy \, .$$

In jedem Punkte der Oberfläche denken wir uns die Normale errichtet, und zwar vom Raume s aus gerechnet, nach aussen hin. Die Cosinus der Winkel zwischen der Normalen und den Coordinatenaxen nennen wir ξ, η, ζ. Es wird danach

$$\xi^2 + \eta^2 + \zeta^2 = 1 \, ,$$

$$\frac{\delta z}{\delta x} = - \frac{\xi}{\zeta} , \quad \frac{\delta z}{\delta y} = - \frac{\eta}{\zeta} \, .$$

Die Umgrenzung der Oberfläche U ist eine in sich zurücklaufende Linie, die wir mit P bezeichnen wollen, und indem wir diese in einem bestimmten Sinn stetig umlaufen, nehmen wir ihre Elemente dP (ebenso wie die Elemente dU der Oberfläche) immer positiv an. Die Cosinus der Winkel, die die Richtung des Elementes dP mit den Coordinatenaxen x, y, z einschliessen, bezeichnen wir mit X, Y, Z. Damit aber der Sinn der Richtung nicht zweideutig bleibt, verfügen wir so über sie, dass an erster Stelle sie selbst, an zweiter die auf dP senkrechte Normale, die die Oberfläche U berührt und nach innen gerichtet ist, und an dritter Stelle die auf der Oberfläche vom Raume s aus nach aussen errichtete Normale ein System von Geraden bilden, die der Reihe nach ebenso auf einander folgen, wie die Coordinatenaxen x, y, z. Man sieht leicht (vgl. Disquiss. gen. circa superficies curvas art. 2)*), dass die Richtungscosinus zwischen der an zweiter Stelle aufgeführten Richtung und den Coordinatenaxen x, y, z sind

$$\eta^0 Z - \zeta^0 Y, \quad \zeta^0 X - \xi^0 Z, \quad \xi^0 Y - \eta^0 X,$$

wenn ξ^0, η^0, ζ^0 die Werthe von ξ, η, ζ am Orte des Elementes dP bedeuten.

---

*) Klassiker d. e. W. Nr. 5.

21.

Nach diesen Vorbemerkungen wollen wir uns vorstellen, die Oberfläche U erfahre irgend eine unendlich kleine Veränderung. Wenn es genügte, nur solche Veränderungen zu betrachten, bei denen die Umgrenzung P immer ungeändert oder wenigstens in der gleichen verticalen Oberfläche bleibt, dann brauchte man blos die Aenderung der einen dritten Coordinate z einzuführen. Es würde dann das Problem sich wesentlich einfacher darstellen. Da wir aber das Problem ganz allgemein behandeln müssen, so würde bei einem solchen Vorgehen die Betrachtung der Veränderlichkeit der Grenzen zu unbequemen, die Uebersicht störenden Weitschweifigkeiten führen. Es ist deshalb vorzuziehen, von vorn herein alle drei Coordinaten der Veränderung zu unterwerfen. Wir stellen uns daher vor, dass wir einen jeden Punkt x, y, z der Oberfläche in einen anderen mit den Coordinaten $x + \delta x$, $y + \delta y$, $z + \delta z$ überführen. Es können dann δx, δy, δz als unbestimmte Functionen von x und y angesehen werden, deren Werthe aber unendlich klein bleiben. Wir fragen nun nach den Variationen der einzelnen Elemente von W und beginnen mit der Variation des Elementes dU.

Wir stellen uns ein dreieckiges Oberflächenelement dU der Oberfläche U, gelegen zwischen den Punkten mit den Coordinaten

$$x, \qquad y, \qquad z$$

$$x + dx, \quad y + dy, \quad z + \frac{\delta z}{\delta x}\,dx + \frac{\delta z}{\delta y}\,dy\,,$$

$$x + d'x, \quad y + d'y, \quad z + \frac{\delta z}{\delta x}\,d'x + \frac{\delta z}{\delta y}\,d'y\,.$$

Der doppelte Flächeninhalt dieses Dreiecks ist nach bekannten Gesetzen

$$= (dx\,d'y - dy\,d'x)\sqrt{1 + \left(\frac{\delta x}{\delta x}\right)^2 + \left(\frac{\delta x}{\delta y}\right)^2}\,,$$

wenn wir voraussetzen — was gestattet ist —, dass $dx\,d'y - dy\,d'x$ eine positive Grösse ist.

In der variirten Oberfläche haben wir statt dieser Punkte drei andere mit den Coordinaten des ersten Punktes:

$$x + \delta x, \quad y + \delta y, \quad z + \delta z.$$

des zweiten:

$$x + dx + \delta x + \frac{\partial \delta x}{\partial x} dx + \frac{\partial \delta x}{\partial y} dy,$$

$$y + dy + \delta y + \frac{\partial \delta y}{\partial x} dx + \frac{\partial \delta y}{\partial y} dy,$$

$$z + \frac{\partial z}{\partial x} dx + \frac{\partial z}{\partial y} dy + \delta z + \frac{\partial \delta z}{\partial x} dx + \frac{\partial \delta z}{\partial y} dy;$$

des dritten:

$$x + d'x + \delta x + \frac{\partial \delta x}{\partial x} d'x + \frac{\partial \delta x}{\partial y} d'y,$$

$$y + d'y + \delta y + \frac{\partial \delta y}{\partial x} d'x + \frac{\partial \delta y}{\partial y} d'y,$$

$$z + \frac{\partial z}{\partial x} d'x + \frac{\partial z}{\partial y} d'y + \delta z + \frac{\partial \delta z}{\partial x} d'x + \frac{\partial \delta z}{\partial y} d'y.$$

Man findet den doppelten Flächeninhalt des zwischen diesen neuen Punkten gelegenen Dreiecks in der gleichen Weise

$$= (dx\, d'y - dy\, d'x)\, \sqrt{N},$$

wenn wir der Kürze halber mit N das Aggregat

$$\left[\left(1 + \frac{\partial \delta x}{\partial x} \right) \left(1 + \frac{\partial \delta y}{\partial y} \right) - \frac{\partial \delta x}{\partial y} \frac{\partial \delta y}{\partial x} \right]^2$$

$$+ \left[\left(1 + \frac{\partial \delta x}{\partial x} \right) \left(\frac{\partial z}{\partial y} + \frac{\partial \delta z}{\partial y} \right) - \frac{\partial \delta x}{\partial y} \left(\frac{\partial z}{\partial x} + \frac{\partial \delta z}{\partial x} \right) \right]^2$$

$$+ \left[\left(1 + \frac{\partial \delta y}{\partial y} \right) \left(\frac{\partial z}{\partial x} + \frac{\partial \delta z}{\partial x} \right) - \frac{\partial \delta y}{\partial x} \left(\frac{\partial z}{\partial y} + \frac{\partial \delta z}{\partial y} \right) \right]^2$$

bezeichnen. Führen wir die Entwicklung durch, so folgt unter Vernachlässigung von Grössen zweiter Ordnung:

$$\sqrt{\overline{N}} = \sqrt{1 + \left(\frac{\partial z}{\partial x} \right)^2 + \left(\frac{\partial z}{\partial y} \right)^2} \cdot \left[1 + \frac{L}{1 + \left(\frac{\partial z}{\partial x} \right)^2 + \left(\frac{\partial z}{\partial y} \right)^2} \right] \cdot$$

Hierin ist wieder der Kürze halber L gesetzt für

$$\frac{\delta\,\delta x}{\delta x}\Big[1+\Big(\frac{\delta x}{\delta y}\Big)^2\Big] - \frac{\delta\,\delta x}{\delta y}\frac{\delta z}{\delta x}\frac{\delta z}{\delta y} - \frac{\delta\,\delta y}{\delta x}\frac{\delta z}{\delta x}\frac{\delta z}{\delta y}$$

$$+ \frac{\delta\,\delta y}{\delta y}\Big[1+\Big(\frac{\delta z}{\delta x}\Big)^2\Big] + \frac{\delta\,\delta z}{\delta x}\frac{\delta z}{\delta x} + \frac{\delta\,\delta z}{\delta y}\frac{\delta z}{\delta y}\,.$$

Es verhält sich also das erste Dreieck zum zweiten wie

$$1:1+\frac{L}{1+\Big(\frac{\delta z}{\delta x}\Big)^2+\Big(\frac{\delta z}{\delta y}\Big)^2}\,.$$

Dieses Verhältniss ist also unabhängig von der Dreiecksfigur des Elementes dU, und es wird

$$\delta\,dU = \frac{L\,dU}{1+\Big(\frac{\delta z}{\delta x}\Big)^2+\Big(\frac{\delta z}{\delta y}\Big)^2}$$

oder nach Entwicklung der Glieder:

$$\delta\,dU = dU\Big[\frac{\delta\,\delta x}{\delta x}(\eta^2+\zeta^2) - \frac{\delta\,\delta x}{\delta y}\xi\eta - \frac{\delta\,\delta y}{\delta x}\xi\eta$$

$$+ \frac{\delta\,\delta y}{\delta y}(\xi^2+\zeta^2) - \frac{\delta\,\delta z}{\delta x}\xi\zeta - \frac{\delta\,\delta z}{\delta y}\eta\zeta\Big]\,.$$

22.

Die Variation der ganzen Oberfläche U erhalten wir durch Integration dieses Ausdruckes über alle Elemente dU. Zu diesem Zweck wollen wir die zwei Theile des Integrals:

$$\int dU\Big[(\eta^2+\zeta^2)\frac{\delta\,\delta x}{\delta x} - \xi\eta\frac{\delta\,\delta y}{\delta x} - \xi\zeta\frac{\delta\,\delta z}{\delta x}\Big] = A$$

und

$$\int dU\Big[-\xi\eta\frac{\delta\,\delta x}{\delta y} + (\xi^2+\zeta^2)\frac{\delta\,\delta y}{\delta y} - \eta\zeta\frac{\delta\,\delta z}{\delta y}\Big] = B$$

von einander gesondert betrachten.

Wir denken uns eine zur Y-Axe normale Ebene, und zwar so gelegen, dass der constante Werth y, der ihr entspricht, in das Gebiet zwischen den Extremwerthen fällt, die y auf der Oberfläche U einnimmt. Diese Ebene muss die Peripherie P

in zwei oder vier oder sechs etc. Punkten schneiden, deren x-Coordinaten der Reihe nach x^0, x', x'' etc. seien. Alle übrigen diesen Punkten zugehörenden Grössen wollen wir durch die gleichen Indices unterscheiden. Die Oberfläche soll in gleicher Weise noch von einer zweiten Ebene geschnitten werden, die der ersteren unendlich benachbart und parallel und die durch die Coordinate $y + dy$ gegeben ist. Zwischen diesen beiden Ebenen mögen sich die Elemente dP^0, dP', dP'' etc. der Grenzlinie befinden. Man erkennt leicht, dass:

$$dy = -Y^0 dP^0 = +Y' dP' = -Y'' dP'' = +Y''' dP''' \text{ etc.}$$

ist. Denken wir uns ausserdem unendlich viele zur x-Axe senkrechte Ebenen, so wird jedem Elemente dx, das zwischen x^0 und x' oder zwischen x'' und x''' etc. gelegen ist, ein Flächenelement $dU = \dfrac{dx\,dy}{\zeta}$ entsprechen. Es ergiebt sich demnach für denjenigen Theil von A, der dem zwischen den Ebenen y, $y + dy$ gelegenen Theile der Oberfläche entspricht, der Werth

$$dy \int dx \left(\frac{\eta^2 + \zeta^2}{\zeta} \frac{\delta\,\delta x}{\delta x} - \frac{\xi\eta}{\zeta} \frac{\delta\,\delta y}{\delta x} - \xi \frac{\delta\,\delta z}{\delta x} \right),$$

zu erstrecken von $x = x^0$ bis $x = x'$, dann von $x = x''$ bis $x = x'''$ etc. Unbestimmt integrirt ergiebt dieses Integral:

$$\left(\frac{\eta^2 + \zeta^2}{\zeta} \delta x - \frac{\xi\eta}{\zeta} \delta y - \xi \delta z \right) dy$$

$$- dy \int \left(\delta x \frac{\delta \frac{\eta^2 + \zeta^2}{\zeta}}{\delta x} - \delta y \frac{\delta \frac{\xi\eta}{\zeta}}{\delta x} - \delta z \frac{\delta \xi}{\delta x} \right) dx,$$

und dieses geht in unserem Falle über in

$$\left(\frac{\eta^{0\,2} + \zeta^{0\,2}}{\zeta^0} \delta x^0 - \frac{\xi^0 \eta^0}{\zeta^0} \delta y^0 - \xi^0 \delta z^0 \right) Y^0 dP^0$$

$$+ \left(\frac{\eta'^{\,2} + \zeta'^{\,2}}{\zeta'} \delta x' - \frac{\xi' \eta'}{\zeta'} \delta y' - \xi' \delta z' \right) Y' dP'$$

$$+ \left(\frac{\eta''^{\,2} + \zeta''^{\,2}}{\zeta''} \delta x'' - \frac{\xi'' \eta''}{\zeta''} \delta y' - \xi'' \delta z' \right) Y'' dP''$$

$$+ \text{ etc.}$$

$$-\int \zeta\, dU\left(\delta x\,\frac{\partial \dfrac{\eta^2+\zeta^2}{\zeta}}{\partial x} - \delta y\,\frac{\partial \dfrac{\xi\eta}{\zeta}}{\partial x} - \delta z\,\frac{\partial \xi}{\partial x}\right),$$

oder in kürzerer Schreibweise:

$$\sum\left(\frac{\eta^2+\zeta^2}{\zeta}\,\delta x + \frac{\xi\eta}{\zeta}\,\delta y - \xi\,\delta x\right)Y\, dP$$

$$-\int \zeta\, dU\left(\delta x\,\frac{\partial \dfrac{\eta^2+\zeta^2}{\zeta}}{\partial x} - \delta y\,\frac{\partial \dfrac{\xi\eta}{\zeta}}{\partial x} - \delta z\,\frac{\partial \xi}{\partial x}\right).$$

Hierin ist die Summation über alle zwischen den Ebenen y und $y + dy$ gelegenen Elemente dP, die Integration über alle zwischen y und $y + dy$ gelegenen Elemente dU zu erstrecken.

Die ganze Grösse A wird demnach ausgedrückt durch

$$\int\left(\frac{\eta^2+\zeta^2}{\zeta}\,\delta x - \frac{\xi\eta}{\zeta}\,\delta y - \xi\,\delta x\right)Y\, dP$$

$$-\int \zeta\, dU\left(\delta x\,\frac{\partial \dfrac{\eta^2+\zeta^2}{\zeta}}{\partial x} - \delta y\,\frac{\partial \dfrac{\xi\eta}{\zeta}}{\partial x} - \delta z\,\frac{\partial \xi}{\partial x}\right),$$

worin die erste Integration über die ganze Peripherie P, die zweite über die ganze Oberfläche U zu erstrecken ist.

23.

Durch eine ganz ähnliche Rechnung finden wir:

$$B = \int\left(\frac{\xi\eta}{\zeta}\,\delta x - \frac{\xi^2+\zeta^2}{\zeta}\,\delta y + \eta\,\delta z\right)X\, dP$$

$$+\int \zeta\, dU\left(\delta x\,\frac{\partial \dfrac{\xi\eta}{\zeta}}{\partial y} - \delta y\,\frac{\partial \dfrac{\xi^2+\zeta^2}{\zeta}}{\partial y} + \delta z\,\frac{\partial \eta}{\partial y}\right).$$

Setzen wir also für irgend einen Punkt der Grenzlinie P

$$[X\xi\eta + Y(\eta^2 + \zeta^2)]\,\delta x - [X(\xi^2 + \zeta^2) + Y\xi\eta]\,\delta y$$
$$+ [X\eta\zeta - Y\xi\zeta]\,\delta z = \zeta Q,$$

und für einen Punkt der Oberfläche U

$$\left(\frac{\partial \frac{\xi\eta}{\zeta}}{\partial y} - \frac{\partial \frac{\eta^2+\zeta^2}{\zeta}}{\partial x}\right)\zeta\,\delta x + \left(\frac{\partial \frac{\xi\eta}{\zeta}}{\partial y} - \frac{\partial \frac{\xi^2+\zeta^2}{\zeta}}{\partial y}\right)\zeta\,\delta y$$

$$+ \left(\frac{\partial \frac{\xi}{\partial x}} + \frac{\partial \eta}{\partial y}\right)\zeta\,\delta x = V,$$

so wird endlich

$$\delta U = \int Q\,dP + \int V\,dU,$$

worin die erste Integration über die ganze Peripherie P, die zweite über die ganze Oberfläche U zu erstrecken ist.

24.

Die eben aufgestellten Formeln für Q und V kann man wesentlich zusammenziehen. Unter Zuhilfenahme der Beziehung:

$$X\xi + Y\eta + Z\zeta = 0$$

nimmt Q sofort die symmetrische Form an:

$$Q = (Y\zeta - Z\eta)\,\delta x + (Z\xi - X\zeta)\,\delta y + (X\eta - Y\xi)\,\delta z\,.$$

Um auch den für V erhaltenen Ausdruck in eine übersichtlichere Form überzuführen, beachten wir, dass aus den Gleichungen:

$$\frac{\partial x}{\partial x} = -\frac{\xi}{\zeta}\,;\quad \frac{\partial z}{\partial y} = -\frac{\eta}{\xi}$$

folgt:

$$\frac{\partial \frac{\xi}{\zeta}}{\partial y} = \frac{\partial \frac{\eta}{\zeta}}{\partial x}\,.$$

Daher wird

$$\frac{\partial \frac{\xi\eta}{\zeta}}{\partial y} = \frac{\xi}{\zeta}\frac{\partial \eta}{\partial y} + \eta\frac{\partial \frac{\xi}{\zeta}}{\partial y} = \frac{\xi}{\zeta}\frac{\partial \eta}{\partial y} + \eta\frac{\partial \frac{\eta}{\zeta}}{\partial x}\,.$$

Aus der Relation $\xi^2 + \eta^2 + \zeta^2 = 1$ folgt:

$$\xi\frac{\partial \xi}{\partial x} + \eta\frac{\partial \eta}{\partial x} + \zeta\frac{\partial \zeta}{\partial x} = 0,$$

und folglich:

$$\frac{\delta\,\dfrac{\eta^2+\zeta^2}{\zeta}}{\delta x} = \eta\,\frac{\delta\,\dfrac{\eta}{\zeta}}{\delta x} + \frac{\eta}{\zeta}\,\frac{\delta\,\eta}{\delta x} + \frac{\delta\,\zeta}{\delta x} = \eta\,\frac{\delta\,\dfrac{\eta}{\zeta}}{\delta x} - \frac{\xi}{\zeta}\,\frac{\delta\,\xi}{\delta x}.$$

Substituiren wir diese Werthe in dem Coefficienten von δx im Ausdrucke V, so wird dieser

$$= \xi\left(\frac{\delta\,\xi}{\delta x} + \frac{\delta\,\eta}{\delta y}\right).$$

In gleicher Weise erhalten wir ferner in demselben Ausdruck für den Coefficienten von δy

$$\eta\left(\frac{\delta\,\xi}{\delta x} + \frac{\delta\,\eta}{\delta y}\right),$$

und es ergiebt sich daher:

$$V = (\xi\,\delta x + \eta\,\delta y + \zeta\,\delta x)\left(\frac{\delta\,\xi}{\delta x} + \frac{\delta\,\eta}{\delta y}\right).$$

25.

Bevor wir weiter gehen, scheint es angebracht, die geometrische Deutung der erhaltenen Ausdrücke uns zu vergegenwärtigen. Zu diesem Zwecke wollen wir die verschiedenen hier auftretenden Richtungen der Anschauung leichter zugänglich machen, indem wir die Methode befolgen, die in den »Disquiss. gen. circa superficies curvas« benutzt ist: Wir veranschaulichen sie durch Punkte auf einer um ein willkürliches Centrum mit dem Radius 1 gelegten Kugelfläche. Wir bezeichnen so zunächst die Richtungen der Coordinatenaxen x, y, z durch die Punkte (1), (2), (3), dann die Richtung der auf der Oberfläche von s aus nach aussen hin errichteten Normalen durch den Punkt (4), endlich die Richtung der Geraden, die von einem jeden Punkte der Oberfläche nach dem Orte, in dem er sich nach der Variation befindet, gezogen wird, durch den Punkt (5). Die Variation des Punktes selber, d. h. die Grösse $\sqrt{(\delta x^2 + \delta y^2 + \delta z^2)}$, die wir immer als positiv rechnen wollen, bezeichnen wir der Kürze halber mit δe, und den Bogen zwischen zwei Punkten der Kugel — z. B. (1) und (5) — oder den Winkel, der diesen Bogen misst, schreiben wir (1, 5).

Es wird also:

$$\delta x = \delta e \cos (1, 5); \qquad \delta y = \delta e \cos (2, 5);$$
$$\delta z = \delta z \cos (3, 5).$$

Dies gilt für jeden Punkt der Oberfläche. Auf ihrer Umgrenzung, d. h. der Peripherie P, treten noch zwei andere Richtungen auf. Einmal die Richtung des Elementes dP, der der Punkt (6) entsprechen möge, dann die Richtung der Normalen hierauf, die die Oberfläche tangirt und in das Innere derselben gerichtet ist. Dieser soll der Punkt (7) entsprechen. Nach unserer Voraussetzung folgen sich die Punkte (6), (7), (4) im gleichen Sinne wie die Punkte (1), (2), (3). Es sei noch darauf aufmerksam gemacht, dass (4, 6), (4, 7), (6, 7) Quadranten oder rechte Winkel darstellen. Es folgen so die Gleichungen, die wir schon in Abschnitt 20 gegeben haben:

$$\eta Z - \zeta Y = \cos (1, 7), \qquad \zeta X - \xi Z = \cos (2, 7),$$
$$\xi Y - \eta X = \cos (3, 7).$$

Die Formeln des vorigen Abschnittes gehen dann über in:

$$Q = - \delta e \cos (5, 7),$$
$$V = \delta e \cos (4, 5) \left(\frac{\partial \xi}{\partial x} + \frac{\partial \eta}{\partial y} \right).$$

Es bezeichnet daher Q die Verschiebung eines Punktes der Peripherie P senkrecht zu der zu U normalen Tangentialebene an P, positiv zu rechnen in der Richtung von der Oberfläche U aus abgewendet. Der Factor in V aber, $\delta e \cos (4, 5)$, bezeichnet die Verschiebung eines beliebigen Punktes der Oberfläche U in der Richtung der Normalen auf U, positiv zu rechnen in der Richtung vom Raume s abgewendet.

Wir können aber auch den anderen Factor von V durch eine geometrische Darstellung deuten. Wir haben nämlich:

$$\xi = - \zeta \frac{\partial z}{\partial x}; \qquad \eta = - \zeta \frac{\partial z}{\partial y};$$
$$\frac{1}{\zeta^2} = 1 + \left(\frac{\partial z}{\partial x} \right)^2 + \left(\frac{\partial z}{\partial y} \right)^2.$$

Daraus ergiebt sich:

$$d\zeta = \xi \zeta^2 d\frac{\partial z}{\partial x} + \eta \zeta^2 d\frac{\partial z}{\partial y},$$

$$\frac{\partial \xi}{\partial x} = -\zeta \frac{\partial^2 z}{\partial x^2} - \frac{\partial z}{\partial x} \frac{\partial \zeta}{\partial x}$$

$$= -\zeta \frac{\partial^2 z}{\partial x^2} + \xi^2 \zeta \frac{\partial^2 z}{\partial x^2} + \xi \eta \zeta \frac{\partial^2 z}{\partial x \partial y}$$

$$= -\zeta (\eta^2 + \zeta^2) \frac{\partial^2 z}{\partial x^2} + \xi \eta \zeta \frac{\partial^2 z}{\partial x \partial y},$$

$$\frac{\partial \eta}{\partial y} = -\zeta \frac{\partial^2 z}{\partial y^2} + \eta^2 \zeta \frac{\partial^2 z}{\partial y^2} + \xi \eta \zeta \frac{\partial^2 z}{\partial x \partial y}$$

$$= -\zeta (\xi^2 + \zeta^2) \frac{\partial^2 z}{\partial y^2} + \xi \eta \zeta \frac{\partial^2 z}{\partial x \partial y},$$

und somit:

$$\frac{\partial \xi}{\partial x} + \frac{\partial \eta}{\partial y}$$

$$= -\zeta^3 \left\{ \frac{\partial^2 z}{\partial x^2} \left[1 + \left(\frac{\partial z}{\partial y} \right)^2 \right] - \frac{2 \partial^2 z}{\partial x \partial y} \frac{\partial z}{\partial x} \frac{\partial z}{\partial y} + \frac{\partial^2 z}{\partial y^2} \left[1 + \left(\frac{\partial z}{\partial x} \right)^2 \right] \right\}.$$

Der Werth dieses Ausdruckes ist bekanntlich

$$= \frac{1}{R} + \frac{1}{R'},$$

wenn R und R' die extremen Krümmungsradien in dem zu betrachtenden Punkte bezeichnen, und zwar sind sie positiv zu rechnen, wenn die Oberfläche ihre convexe Seite nach aussen kehrt.

26.

Eine aufmerksame Prüfung unserer Rechnung von Abschnitt 22 an lässt uns eine stillschweigende Annahme erkennen, die ihr anhaftet, nämlich die, dass jedem Werthepaare von x, y nur ein einziger Werth von z zugehört, und dass ζ überall auf der Oberfläche positiv ist. Nichtsdestoweniger wird aber die Allgemeingültigkeit des endlichen Theorems, auf das uns die Rechnung geführt hat, nämlich:

$$\delta U = -\int \delta e \cos (5,7) \, dP + \int \delta e \cos (4,5) \left(\frac{1}{R} + \frac{1}{R'} \right) dU, \quad \text{(I)}$$

durch diese Annahme nicht beeinträchtigt. Wenn wir diese Allgemeingültigkeit gleich von Anfang an hätten wahren wollen, hätten wir entweder uns auf Weitschweifigkeiten einlassen oder einen etwas anderen Weg verfolgen müssen. Aber wir können leicht zum selben Ziele auch durch folgende Erwägungen gelangen.

Unsere Analysis ist offenbar unabhängig von der Voraussetzung, dass die x-Axe vertical steht. Es ist überhaupt die Lage des Axensystems vollkommen willkürlich, und die Gültigkeit des Theorems bleibt aufrecht erhalten für alle Oberflächen, bei denen der Complex aller Punkte (4) durch eine einzige Halbkugel umfasst werden kann: es genügt nämlich, das Centrum dieser Halbkugel, d. h. den Pol mit dem Punkte (3) zusammenzulegen.

Wenn aber eine Oberfläche dieser Bedingung nicht genügt, so ist es immer möglich, sie in zwei oder mehr Theile zu zerlegen, von denen jeder einer solchen Bedingung genügt. Man erkennt dann leicht, dass, wenn eine Oberfläche in zwei Theile zerlegt ist, die Gültigkeit des Theorems für die ganze Oberfläche aus der Gültigkeit für die einzelnen Theile sich folgern lässt. Es bestehe z. B. die Fläche U aus den Theilen U', U'', und es sei P' die Umgrenzung von U', P'' die von U''. Es habe ferner P' mit P'' den Theil P''' gemeinsam, so dass P' aus P''' und P'''', P'' aus P''' und P''''' besteht. Es soll also die Umgrenzung P der ganzen Fläche U sich aus P'''' und P''''' zusammensetzen. Dann wird

$$\int \delta e \cos (5, 7)\, dP'$$
$$= \int \delta e \cos (5, 7)\, dP''' + \int \delta e \cos (5, 7)\, dP'''',$$

$$\int \delta e \cos (5, 7)\, dP''$$
$$= \int \delta e \cos (5, 7)\, dP''' + \int \delta e \cos (5, 7)\, dP''''' .$$

Es ist nun wohl zu beachten, dass der Werth von

$$\int \delta e \cos (5, 7)\, dP''',$$

so weit er einen Theil des ersten Integrals bildet, gerade entgegengesetzt ist dem Werthe des gleichen Integrals, sobald es ein Theil des zweiten Ausdruckes ist. Denn einem jeden Punkte der Linie P''', die in diesen beiden Fällen in entgegengesetzter Richtung zu durchlaufen ist, entsprechen entgegengesetzte Punkte (7) und folglich entgegengesetzte Werthe des Factors cos (5, 7). Bei der Addition heben diese beiden Theile sich also gegenseitig auf, und es folgt:

$$\int \delta e \cos (5, 7)\, dP' + \int \delta e \cos (5, 7)\, dP''$$
$$= \int \delta e \cos (5, 7)\, dP \,.$$

Es ergiebt sich hieraus, dass, da $\delta U = \delta U' + \delta U''$ ist, der Werth von δU mit dem in Formel (I) aufgestellten im Einklang steht, wenn diese Formel für die Werthe der Variationen $\delta U'$, $\delta U''$ zutreffend angenommen wird. Zum Schlusse bemerken wir noch, dass wir die Gültigkeit des Theorems (I) auch aus geometrischen Betrachtungen hätten folgern können, und zwar leichter als auf analytischem Wege. Wir haben aber diesen letzteren hier eingeschlagen, um die Gelegenheit zu benutzen, die Variationsrechnung, angewandt auf doppelte Integrale mit variabeln Grenzen, die bisher nur wenig erforscht ist, aufzuklären. Die ziemlich nahe liegende andere, geometrische Methode überlassen wir dem erfahrenen Leser.

<h2 style="text-align:center">27.</h2>

Es bleiben uns jetzt noch die Variationen zu untersuchen, die die übrigen Elemente des Ausdruckes W bei einer Formänderung des Raumes s erfahren. Zuerst wollen wir auf die Variation des Volumens von s eingehen.

Wir nehmen die zwei in Abschnitt 21 betrachteten Dreiecke wieder auf und verbinden entsprechende Punkte der Seiten mit einander. Es entsteht dadurch ein Körper, an Stelle dessen wir ein Prisma setzen können mit der Basis dU und der Höhe $\xi \delta x + \eta \delta y + \zeta \delta z = \delta e \cos (4, 5)$. Diese Formel liefert eine positive oder negative Zahl, je nachdem das verschobene Dreieck — und damit der ganze Körper — ausserhalb oder innerhalb des Raumes s gelegen ist. Wir haben somit:

$$\delta s = \int dU\, \delta e \cos (4, 5) \quad \ldots \ldots \ldots \quad \text{(II)}$$

Und weiter folgt hieraus für die Variation des Integrals $\int z\, ds$:

$$\delta \int z\, ds = \int z\, dU\, \delta e \cos (4, 5) \quad \ldots \ldots \quad \text{(III)}$$

Was nun ferner die Variation der Grösse T anbelangt, so sei auf Folgendes aufmerksam gemacht. Da P die gemeinsame Grenzlinie der Oberflächen T, U darstellt, so müssen die Verschiebungen der Punkte von P der Bedingung genügen, dass ihre neuen Orte auf der Oberfläche von S bleiben. Es erfährt demnach augenscheinlich durch die Verschiebung des Elementes dP die Oberfläche T eine Veränderung

$$\pm\, dP\delta e \sin (5, 6)\,.$$

Das Vorzeichen dieser Veränderung wird, wie man leicht übersieht, allgemein positiv oder negativ ausfallen, je nach dem Vorzeichen der Grösse $\cos (4, 5)$. Zweckmässiger aber drücken wir diese Veränderung durch Einführung einer neuen Richtung aus. Diese soll die Oberfläche von S tangiren, auf P senkrecht stehen und von s aus nach auswärts gerichtet sein. Den dieser Richtung zugehörenden Punkt der Kugelfläche bezeichnen wir mit (8). Dann wird die Variation der Oberfläche T, die von der Verschiebung des Elementes dP herrührt

$$dP\delta e \cos (5, 8)\,,$$

oder es wird

$$\delta T = \int dP\delta e \cos (5, 8) \ldots \ldots \ldots \text{(IV)}$$

Das Vorzeichen des Factors $\cos (5, 8)$ entscheidet darüber von selbst, ob die Veränderung einen Zuwachs oder eine Abnahme bedeutet.

Da der Punkt (6) der Pol zu dem durch (7) und (8) gezogenen grössten Kreis ist, und da der Punkt (5) auf dem grössten Kreis durch die Punkte (6), (8) liegt, so bilden (5), (7), (8) ein Dreieck, das bei (8) einen rechten Winkel besitzt. Es ist demnach $\cos (5, 7) = \cos (5, 8) \cos (7, 8)$. Der Bogen (7, 8) misst aber den Winkel zwischen zwei Ebenen, die die Oberflächen von s und S in ihrer Schnittlinie P tangiren, und zwar den Winkel zwischen den Theilen dieser Ebenen, die den leeren Raum einschliessen. Nennen wir diesen Winkel i, so ist $180^{\circ} - i$ der Winkel zwischen den Seiten der Tangentialebenen, die den Raum s in sich fassen, und es wird unsere Formel

$$\cos (5, 7) = \cos (5, 8) \cos i \ \ldots \ldots \text{(V)}$$

28.

Aus den Formeln (I) bis (IV) folgt die Variation des Ausdruckes W

$$\delta W = \int dU\, \delta e\, \cos(4,5)\left[z + \alpha^2\left(\frac{1}{R} + \frac{1}{R'}\right)\right]$$

$$-\int dP\, \delta e\, \cos(5,8)\,(\alpha^2 \cos i - \alpha^2 + 2\,\beta^2),$$

wo das erste Integral über alle Elemente dU des freien Theiles oder (wenn mehrere getrennt vorhanden) der freien Theile der Oberfläche von s zu erstrecken ist. Das zweite Integral muss über alle Elemente dP der Linie oder der Linien erstreckt werden, die diese freien Oberflächentheile von den den Raum S berührenden Theilen trennen.

Es muss nun im Zustande des Gleichgewichts der Werth von W ein Minimum sein, und somit kann W bei einer unendlich kleinen Aenderung der Flüssigkeitsform, bei der das Volumen s unverändert bleibt, d. h. bei der

$$\delta s = \int dU\, \delta e\, \cos(4,5)$$

verschwindet, eine negative Aenderung nicht erfahren. Es folgt daraus leicht, dass die Form der Oberfläche U in der Gleichgewichtslage so beschaffen sein muss, dass auf allen ihren Punkten das Element der Aenderung δW

$$dU\, \delta e\, \cos(4,5)\left[z + \alpha^2\left(\frac{1}{R} + \frac{1}{R'}\right)\right]$$

proportional mit dem Elemente der Variation δs, also mit $dU\, \delta e\, \cos(4,5)$ sein muss, mit anderen Worten, es muss

$$z + \alpha^2\left(\frac{1}{R} + \frac{1}{R'}\right) = \text{const.} \ \ldots\ldots\ldots \text{(VI)}$$

sein. Denn, wenn diese Proportionalität nicht bestände, dann würde bei geeigneter Wahl der Oberflächenänderung von U der Werth von W einer Abnahme fähig sein, während dabei die Grenzlinie P ungeändert gehalten wird. Uebrigens gilt diese Gleichung für die ganze Oberfläche U, auch wenn diese aus mehreren gesonderten Theilen besteht, so lange nur die Flüssigkeit in sich im Zusammenhang steht.

Diese Gleichung bildet das erste grundlegende Theorem in der Gleichgewichtstheorie der Flüssigkeiten, dasselbe, das schon *Laplace*, allerdings auf ganz anderem Wege, aufgefunden hat.

Wenn wir die Horizontalebene, für die z gleich der in unserer Gleichung auftretenden Constanten ist, und die wir als »normale Horizontalebene« (plan de niveau) bezeichnen können, an Stelle unserer Ebene $z = 0$ einführen, so wird

$$z = -\alpha^2\left(\frac{1}{R} + \frac{1}{R'}\right),$$

und wir ziehen daraus die nachstehenden Folgerungen:

I. Wenn die Normalebene die freie Oberfläche U irgendwo schneidet, so muss an jedem Punkte der Schnittlinie die Oberfläche nothwendig concav-convex sein, und der grösste Krümmungsradius der Convexität muss gleich dem grössten Krümmungsradius der Concavität sein.

II. Oberhalb der Normalebene muss die Oberfläche entweder concav-concav sein, oder, wenn sie irgendwo concav-convex ist, so muss die Concavkrümmung die Convexkrümmung überwiegen.

III. Unterhalb der Normalebene muss die Oberfläche entweder convex-convex sein, oder, wenn sie irgendwo concav-convex ist, so muss die Convexkrümmung die Concavkrümmung überwiegen.

IV. Die freie Oberfläche kann keinen ebenen Theil von endlicher Ausdehnung besitzen, der anders als horizontal gelegen wäre und mit der Normalebene zusammenfiele.

29.

Mittels der soeben aufgestellten Gleichung reducirt sich die Variation von W auf

$$\delta W = -\int dP\,\delta e\,\cos(5, 8)(\alpha^2\cos i - \alpha^2 + 2\beta^2)).$$

Führen wir nun einen Winkel A ein, gegeben durch die Bedingung

$$\cos A = \frac{\alpha^2 - 2\beta^2}{\alpha^2} \quad \text{oder} \quad \sin\frac{A}{2} = \frac{\beta}{\alpha},$$

so folgt

$$\delta W = \alpha^2\int dP\,\delta e\,\cos(5, 8)(\cos A - \cos i),$$

worin die Integration über die ganze Grenzlinie P zu erstrecken ist. Es sei daran erinnert, dass der Factor cos $(5, 8)$
gleich $\pm$ sin $(5, 6)$ ist, wobei das positive oder negative Zeichen zu wählen ist, je nachdem die Flüssigkeit in ihrer virtuellen Bewegung am Orte des Elementes dP über die Grenze
P hinaustritt oder unter sie zurücksinkt. Hieraus entnehmen
wir leicht, dass allgemein im Zustande des Gleichgewichts
überall

$$i = A \ \ldots \ldots \ldots \ldots \ldots \text{(VII)}$$

sein muss. Denn wenn z. B. an irgend einer Stelle der Linie P
$i < A$ wäre, dann würde eine virtuelle Verschiebung der ersten
Art an dieser Stelle — bei Festbleiben des übrigen Theiles
von P — offenbar eine negative Aenderung von W hervor-
bringen. Andererseits würde eine negative Aenderung von W
durch eine virtuelle Flüssigkeitsverschiebung der zweiten Art
hervorgerufen, wenn an irgend einer Stelle der Linie P $i > A$
wäre. Beide Annahmen widersprechen also der Gleichgewichtsbedingung des Minimums.

Dies ist das zweite Fundamentaltheorem, das ebenfalls in
die Untersuchungen von *Laplace* eingewebt ist. Aber aus einem
Princip der Molecularkräfte ist es nicht abgeleitet.

30.

Das im vorigen Abschnitt gewonnene Theorem bedarf in
einem gewissen Falle, den wir nicht übergehen dürfen, einer
Ergänzung. Wir haben stillschweigend vorausgesetzt, dass die
Oberfläche des Gefässes in der Nachbarschaft der Grenzlinie
P eine sich stetig ändernde Krümmung besitzt, so dass an
jeder Stelle dieser Grenzlinie nur eine die Gefässwand berührende Tangentialebene existirt. Wenn die Continuität der
Krümmung in irgend einem singulären Punkte von P gestört
ist, sei es dass die Fläche hier eine Spitze besitzt, sei es
dass eine Schneide die Linie P durchsetzt, so erkennt man
leicht, dass unsere Schlussfolgerungen dadurch nicht beeinträchtigt werden. Anders verhält es sich, wenn die Continuität der
Krümmung längs eines endlichen Theiles der Grenzlinie P eine
Unterbrechung erfährt, also wenn etwa die Oberfläche des Gefässes längs eines endlichen Theiles der Linie P (oder auch
längs der ganzen Linie) eine Schneide besitzt. Dann existiren an
jedem Punkte dieses Theiles zwei die Gefässwand berührende

Tangentialebenen, von denen die eine dem freien Oberflächen-theile des Gefässes angehört, die andere dem Theile T. Behalten wir für den zwischen der erstgenannten und der die Fläche U tangirenden Ebene gelegenen Winkel das Zeichen i bei, und bezeichnen wir den Winkel zwischen der zweitgenannten Ebene und der Tangentialebene zu U mit k, dann wird nicht mehr $i + k = 180°$ sein, sondern es muss grösser oder kleiner sein, je nachdem die Schneide convex oder concav ist. Während nun das Element der Variation δW bei einer virtuellen Verschiebung der Flüssigkeit über die Grenzlinie P hinaus auch jetzt noch durch

$$\alpha^2 dP \delta e \sin (5, 6) (\cos A - \cos i)$$

gegeben ist, so wird das Element dieser Variation, wenn die virtuelle Verschiebung durch ein Zurücktreten der Flüssigkeit unter die Grenzlinie bedingt ist, gleich

$$- \alpha^2 dP \delta e \sin (5, 6) (\cos A + \cos k) .$$

Damit es nun unmöglich gemacht wird, dass W eine negative Aenderung erfährt, ist zu verlangen, dass weder $\cos A - \cos i$ negativ, noch $\cos A + \cos k$ positiv ausfällt, d. h. es muss sein

$$\text{entweder} \quad i = A \qquad \text{oder} \quad i > A ,$$
$$\text{und} \qquad k = 180° - a \quad \text{oder} \quad k > 180° - A .$$

Im Zustande des Gleichgewichts kann also niemals

$$i + k < 180°$$

werden, oder mit anderen Worten: Im Zustande des Gleichgewichts kann niemals die Grenzlinie der freien Oberfläche U sich längs eines endlichen Stückes auf einer concaven Schneide befinden. Sobald dagegen ein Theil dieser Grenzlinie mit einer Convexschneide zusammenfällt, ist die nothwendige und hinreichende Bedingung des Gleichgewichts, dass der Winkel zwischen den Tangentialebenen an die Flüssigkeit und an das Gefäss innerhalb der Grenzen A und $A + a$ (einschliesslich) gelegen ist, wenn wir ihn ausserhalb der Flüssigkeit messen, und zwischen $180° - A$ und $180° - A + a$, wenn wir ihn innerhalb der Flüssigkeit messen. Wir haben hier den Winkel zwischen den zwei Tangentialebenen, die man am Orte der Schneide an die Gefässoberfläche legen kann, unbestimmt mit $180° - a$ bezeichnet, gemessen im Inneren der Gefässwand.

31.

Die Constanten α^2, β^2, deren Verhältniss den Winkel A bestimmt, hängen von den Functionen f, F ab, und sie können in gewissem Sinne angesehen werden als ein Maass für die Intensität der Molecularkräfte, die die Theilchen der Flüssigkeit und des Gefässes ausüben. Wenn diese Functionen so eingerichtet sind, dass $f(x)$, $F(x)$ in einem festen vom Abstand x unabhängigen Verhältniss stehen, wenn sie sich z. B. wie n zu N verhalten, so können wir sofort schliessen

$$\alpha^2 : \beta^2 = cn : CN,$$

d. h. die Constanten α^2, β^2 werden proportional den anziehenden Kräften, die im gleichen Abstand zwei hinsichtlich ihres Volumens gleiche Molekeln ausüben, deren eine der Flüssigkeit, die andere dem Gefässe angehört. Denken wir uns jetzt die vier Fälle, dass A gleich einem spitzen, einem rechten, einem stumpfen, gleich zwei rechten Winkeln wird, je nachdem

$$\beta^2 < \tfrac{1}{2}\alpha^2, \quad \beta^2 = \tfrac{1}{2}\alpha^2, \quad \tfrac{1}{2}\alpha^2 < \beta^2 < \alpha^2, \quad \beta^2 = \alpha^2$$

wird. Im Sinne unserer Hypothese (die zwar unbewiesen ist, aber der Wahrscheinlichkeit nicht widerspricht) müssen wir dann sagen: Der erste Fall tritt ein, wenn die wechselseitige Anziehung der Flüssigkeitstheilchen grösser ist als die doppelte Anziehung der Gefässtheile auf die Flüssigkeit; der zweite, wenn die erstgenannte Anziehung doppelt so gross ist als die letztere; der dritte Fall, wenn die erstere grösser ist als die letztere, aber kleiner als ihr doppelter Betrag; der vierte Fall endlich, wenn beide Anziehungen einander gleich sind. Ein Beispiel zum ersten Falle bietet Quecksilber in Glasgefässen.

32.

Wie gross wird aber der Winkel A in dem Falle, wo die Anziehung des Gefässes grösser ist als die wechselseitige Anziehung der Flüssigkeitstheile unter einander? Der imaginäre Werth, den nach der Formel $\sin \tfrac{1}{2} A = \dfrac{\beta}{\alpha}$ der Winkel A für $\beta^2 > \alpha^2$ erlangt, beweist, dass diesem Falle irgend eine unzulässige Annahme zu Grunde liegt. In der That, sobald $\beta^2 > \alpha^2$, ist die Annahme einer Begrenzung der Oberfläche T mit der Minimumbedingung für die Function W nicht mehr verträglich. Denn wo man auch die Grenze annimmt, man erkennt sofort: Wenn man über diese Grenze hinaus eine sehr dünne Haut ausgedehnt denkt, so dass T den Zuwachs T' und U einen diesem fast gleichen Zuwachs erhält, so erfährt W eine Aenderung, die merklich gleich der Grösse

$$- (2\,\beta^2 - 2\,\alpha^2)\,T'$$

ist. Es ist also der Werth von W so lange einer weiteren Verkleinerung fähig, bis T' die ganze freie Oberfläche des Gefässes bedeckt hat. Der Werth der Veränderung

$$- (2\,\beta^2 - 2\,\alpha^2)\,T'$$

wird um so mehr sich der Wahrheit nähern, je geringer wir die Dicke der Haut annehmen. Und so lange es sich nur um den Werth des Ausdruckes W handelt, steht nichts im Wege, diese Dicke bis zum Verschwinden verkleinert zu denken. Jedoch ist eine Haut von verschwindender Dicke (wohl zu unterscheiden von einer unmerklichen Dicke) nur eine mathematische Fiction, und die Form des Raumes s, so weit sie dieser Fiction genügt, wird sich in der That nicht von der unterscheiden, bei der im Falle $\beta^2 = \alpha^2$ die Function W einen Minimalwerth erreicht.

Etwas anders liegt die Sache bei unserem physikalischen Problem, wo eine solche Haut eine gewisse, wenn auch unmessbar kleine Dicke besitzen muss, damit Gleichgewicht herrschen kann. Wenn ein solcher Theil vorhanden ist, ist der Ausdruck W, wie in Abschnitt 18 gezeigt ist, nicht vollständig. Bezeichnet T' den von der Haut bedeckten Theil des Gefässes, und ist ϱ die Dicke derselben, so treten zu Ω noch die Glieder

$$\pi c^2 \int \theta'(\varrho)\,dT' - \pi c\,C \int \Theta'(\varrho)\,dT'\,,$$

also zu W die Glieder

$$\frac{\pi\,C}{g} \int \Theta'(\varrho)\,dT' - \frac{\pi\,c}{g} \int \theta'(\varrho)\,dT'$$

$$= \int dT' \left(\frac{2\,\beta^2}{\Theta(0)}\,\Theta'(\varrho) - \frac{2\,\alpha^2}{\theta(0)}\,\theta'(\varrho) \right).$$

Da also W, wenn eine solche Haut auftritt, bereits die Aenderung $-(2\beta^2 - 2\,\alpha^2)\,T'$ erfährt, so folgt, dass die Gesammtänderung, die hinzutritt zu dem Werthe von W, der ohne Berücksichtigung der Haut statt hat, gleich

$$- 2 \int d T' \left[\beta^2 \left(1 - \frac{\Theta'(\varrho)}{\Theta(0)}\right) - \alpha^2 \left(1 - \frac{\theta'(\varrho)}{\theta(0)}\right) \right]$$

ist. Diese Aenderung wird wegen $\theta'(0) = \theta(0)$, $\Theta'(0) = \Theta(0)$ bei verschwindender Dicke gleich 0; und da $\theta'(\varrho)$, $\Theta'(\varrho)$ mit zunehmender Dicke ϱ sehr schnell abfällt und schon für einen unmessbar kleinen Werth von ϱ unmessbar klein wird, so ergiebt sich, dass diese Aenderung sehr schnell gegen den Werth $- (2\beta^2 - 2\alpha^2) T'$ convergirt, und sie muss im Gleichgewichtszustand ihm merklich gleich sein, damit der strenge Werth von W einer weiteren Verminderung nicht mehr fähig ist. Uebrigens verlangt die Aufstellung eines vollkommenen Gesetzes, dem die Dicke ϱ folgen muss, tiefergehende Entwicklungen, bei denen wir uns hier aber nicht länger aufhalten wollen; denn ohne Kenntniss der Functionen f, F, von denen die Functionen θ', Θ' abhängen, und wegen der Erwägungen, die wir im Abschnitt 34 geben wollen, scheint diese Frage müssig zu sein. Für die Erforschung des wesentlichen Theiles der Flüssigkeit, d. h. des Theiles, dessen Dimensionen sämmtlich messbare Grössen sind, genügt es in unserem Falle, also wenn $\beta^2 > \alpha^2$, das Gefäss in der Nachbarschaft der Grenzlinie dieses wesentlichen Theiles benetzt, d. h. mit einer Flüssigkeitshaut bedeckt zu denken, deren Dicke zwar unmessbar klein, aber doch so gross ist, dass $\theta'(\varrho)$ und $\Theta'(\varrho)$ vernachlässigt werden können. Unter dieser Annahme wird die Function, die im Gleichgewichtszustand ein Minimum werden soll, gleich

$$\int z \, ds - 2 (\beta^2 - \alpha^2)(T + T') - \alpha^2 T + \alpha^2 U;$$

hierin dürfen T und U nur auf den wesentlichen Theil der Flüssigkeit bezogen werden. Es folgt demnach, dass die Variation dieser Function, soweit sie von einer virtuellen Formänderung des wesentlichen Theiles der Flüssigkeit herrührt (eine Aenderung, die die Summe $T + T'$ nicht beeinflusst), zusammenfällt mit der Aenderung des Ausdruckes

$$\int z \, ds - \alpha^2 T + \alpha^2 U,$$

d. h. mit der Aenderung des Ausdruckes, der im Falle $\beta^2 = \alpha^2$

ein Minimum sein muss. Wir entnehmen daraus, dass eine Flüssigkeit in einem Gefässe, bei dem $\beta^2 > \alpha^2$ ist, dieselbe Gleichgewichtsfigur bildet, wie in einem Gefässe, bei dem $\beta^2 = \alpha^2$, nur mit dem Unterschied, dass sie im ersten Falle streng genommen in eine Haut von unmessbar kleiner Dicke auslaufen muss.

Uebrigens hat bereits *Laplace* darauf hingewiesen, dass in diesem Falle ein Gefäss, das mit einer unmessbar dünnen Flüssigkeitshaut bedeckt ist, gleichwerthig ist mit einem Gefäss, dessen Massentheile die gleiche anziehende Kraft auf die Flüssigkeit ausüben, wie die Flüssigkeitstheilchen unter einander.

Es folgt hieraus von selbst die Abänderung, die wir bei unseren Darlegungen in Abschnitt 19, betreffend die Steighöhe von Flüssigkeiten in verticalen Capillarröhren, anzubringen haben: Sobald $\beta^2 > \alpha^2$, haben wir in den dort aufgestellten Formeln β^2 durch α^2 zu ersetzen.

33.

In dem Falle, wo $\beta^2 < \alpha^2$, kann eine Benetzung des Gefässes mit einer Flüssigkeitshaut von unmessbar kleiner Dicke nicht statt haben, wenigstens nicht, wenn das Gesetz der Functionen θ', Θ' derart ist, dass der Werth der Function

$$\alpha^2\left(1 - \frac{\theta'(\varrho)}{\theta'(0)}\right) - \beta^2\left(1 - \frac{\Theta'(\varrho)}{\Theta'(0)}\right),$$

die wir kurz mit $Q(\varrho)$ bezeichnen wollen, stetig zunimmt, wenn ϱ von 0 bis zu einem messbaren Werthe anwächst. Denn es würde offenbar bei einer derartigen Beschaffenheit der Function $Q(\varrho)$ die Existenz einer solchen Haut der Bedingung des Minimums widersprechen. Diese Beschaffenheit von $Q(\varrho)$ leitet sich von selbst aus der Hypothese ab, über die wir in Abschnitt 31 gesprochen haben, nämlich dass $f(x)$ und $F(x)$ in einem festen, von x unabhängigen Verhältniss stehen. Hieraus würde nämlich folgen, dass $\dfrac{\theta'(\varrho)}{\theta'(0)} = \dfrac{\Theta'(\varrho)}{\Theta'(0)}$, und somit

$$Q(\varrho) = (\alpha^2 - \beta^2)\left(1 - \frac{\theta'(\varrho)}{\theta'(0)}\right).$$

Wenn aber f und F einem anderen Gesetze folgen würden,

dann wäre denkbar, dass $\dfrac{\Theta'(\varrho)}{\Theta'(0)}$ schneller abnimmt als $\dfrac{\theta'(\varrho)}{\theta'(0)}$,
und dass daher die Function $Q(\varrho)$ innerhalb des Gebietes, das
die unmessbar kleinen Werthe von ϱ umfasst, zuerst negativ
wird, und nachdem sie ihren kleinsten (d. h. den äussersten
negativen) Werth erreicht hat, wieder durch den Werth 0 hin-
durch sich ihrem positiven Grenzwerthe $\alpha^2 - \beta^2$ nähert. In
einem solchen Falle würde das Gleichgewicht entschieden eine
unmessbar dünne Flüssigkeitshaut fordern, deren Dicke so gross
sein müsste, dass sich $Q(\varrho)$ nicht merklich von seinem Mini-
malwerthe unterschiede. Bezeichnen wir diesen mit $-\beta'^2$, so
folgt $\beta'^2 < \beta^2$; und die Form des wesentlichen Flüssigkeits-
theiles wird ebenso begrenzt sein, als wenn sich die Flüssigkeit in einem Gefässe befände, für welches an Stelle von β^2
die Grösse β'^2 einträte, d. h. der Winkel zwischen der Tangentialebene, die an der Grenze des wesentlichen Theiles die
freie Oberfläche der Flüssigkeit berührt, und der Gefässwand
ergiebt sich gleich $2 \arcsin \dfrac{\beta'}{\alpha}$. Da es aber sehr zweifelhaft
ist, ob ein solcher Fall in Wirklichkeit vorkommt, so scheint
es nicht nöthig, länger dabei zu verweilen.

34.

Es wäre nicht im Sinne unserer Absicht, wenn wir von
den hier aufgestellten allgemeinen Principien auf specielle Erscheinungen übergehen wollten, zumal da diese Principien ihrem
Wesen nach mit der Theorie übereinstimmen, aus der *Laplace*
mit gutem Erfolg eine grosse Zahl auffallender Erscheinungen
aus dem Gebiete der Gleichgewichtsform von Flüssigkeiten erklärt hat. Es bleibt noch ein weites Feld, das reiche Ernte
verheisst. Doch soll das späteren Arbeiten vorbehalten bleiben. Dagegen ist es angemessen, einige Bemerkungen anzu-
fügen, die theils neues Licht über unseren Gegenstand ver-
breiten, theils irrige Deutung verhindern sollen.

I. Unsere Theorie beansprucht nicht, eine mathematisch
genaue Bestimmung der Gleichgewichtsfigur geben zu wollen.
Sie begnügt sich damit, die Bestimmung einer Figur zu liefern,
derart, dass die wahre Gleichgewichtsfigur nur unmessbar wenig
von ihr abweicht. Es wäre ein Irrthum, wenn man dies einer
Unvollkommenheit der Theorie zuschreiben wollte. Unsere

Theorie leistet so viel, als sie in anbetracht unserer Unbekanntschaft mit dem Wirkungsgesetz der Molecularkräfte zu bieten vermag. Im Zustande des Gleichgewichts muss streng genommen die Function Ω ein Maximum sein, also

$$\frac{2\,\pi\,c\,s\,\Psi(0)}{g} - \frac{\Omega}{g\,c}$$

ein Minimum; diese Function ist je nach dem Gesetz der Molecularanziehung nicht streng gleich der Function W, sie weicht aber nur unmessbar wenig von ihr ab. Also wird auch die Flüssigkeitsgestalt, bei der W ein Minimum wird, nicht streng gleich der Gleichgewichtsfigur sein, aber der Unterschied muss unmessbar klein sein, wenigstens so lange irgend eine messbare Aenderung dieser Figur einen um einen messbaren Betrag vergrösserten Werth von W hervorbringt. Offenbar wird hierdurch aber eine messbare Abweichung der Oberflächenkrümmung nicht ausgeschlossen, wenn diese sich nur auf ein unmessbar kleines Gebiet der Oberfläche beschränkt. Es darf deshalb auch bei der strengen Gleichgewichtsfigur der constante Winkel, den wir früher mit A bezeichnet haben, nicht mehr als der Neigungswinkel der Flüssigkeitsoberfläche gegen die Gefässwand am Orte des Contactes beider angesehen werden, sondern lediglich als der Neigungswinkel derselben in unmessbar kleinem Abstande vom Gefäss. Aehnlich hat schon *Laplace* richtig erkannt, dass die Neigung auf der Grenze der Wirkungssphäre mit dem Winkel A merklich übereinstimmt.

II. Man muss wohl unterscheiden zwischen der Gleichgewichtsgestalt und der der Ruhe. Sobald sich die Flüssigkeit im Zustande des Gleichgewichts befindet, muss sie sicherlich darin verharren. Wenn aber die Gestalt etwas von der der Gleichgewichtslage abweicht, so kann es gleichwohl vorkommen, dass die Flüssigkeit in Ruhe bleibt, oder, wenn sie in Bewegung ist, dass sie zur Ruhe kommt, bevor sie die Gleichgewichtslage erreicht hat. Aehnlich wird z. B. ein Würfel, auf eine Horizontalebene gelegt, in Ruhe bleiben, aber er wird auch auf einer etwas geneigten Ebene noch in Ruhe bleiben, wenn die Reibung seine Bewegung hindert. Somit wird die Flüssigkeit in einer solchen Lage, in der W einen Minimalwerth besitzt, sicher ruhen. Befindet sie sich aber in einer etwas abweichenden Lage, bei der W noch einer Verminderung fähig ist, wird sie aus dieser nur dann in die Gleichgewichtslage übergehen, wenn die Reibung sie nicht daran hindert.

Mit Rücksicht hierauf sind zwei Gleichgewichtsbedingungen wesentlich verschieden. Sicherlich ist die erste Fundamental-gleichung (Abschnitt 28, VI) unabhängig von einer Veränder-lichkeit der Grenzlinie P, d. h. sie ist für die Bedingung des Minimums auch dann noch erforderlich, wenn diese Grenze als unveränderlich vorausgesetzt wird. Wenn somit die Flüssigkeit eine vollkommene Flüssigkeit ist, so dass ein Theil frei über den anderen hingleiten kann, und auch die kleinste Kraft eine Bewegung verursacht, dann muss die Flüssigkeit sich noth-wendig jener Bedingung fügen. Ganz anders liegen die Ver-hältnisse bei dem zweiten Grundprincip (Abschnitt 29, VII), das wesentlich von der vollkommenen Beweglichkeit der Grenz-linie auf der Gefässwand abhängt. Die Minimumbedingung für den Werth W fordert unter allen Umständen die Beziehung $i = A$. Wenn nun die Flüssigkeitsoberfläche sich dem ersten Princip angepasst hat, und der Winkel i seinen Normalwerth, also auch W seinen absoluten Minimalwerth noch nicht erreicht hat, so kann der Uebergang zum vollkommenen Gleichgewicht nicht ohne Verschiebung der Grenzlinie P, also nicht ohne Bewegung der Flüssigkeit an der Berührungsstelle mit dem Gefässe erfolgen. Einer solchen Bewegung kann sich aber die Reibung widersetzen. Daraus erklärt es sich, warum wir bei Versuchen, angestellt an den gleichen Körpern, so grossen Differenzen in den Werthen des Winkels i begegnen. Des-gleichen vertheilt sich in dem Falle, dass $\beta^2 > \alpha^2$, die Flüs-sigkeit in dem Gefäss, dessen Wände bereits benetzt sind, entsprechend dem Gleichgewichtsgesetze, dem zufolge für den wesentlichen Theil der Flüssigkeit $i = 180°$ sein muss. Wenn aber in einem Gefässe, dessen Wände ausserhalb der Flüssig-keit noch trocken sind, diese aus einer dem Gleichgewicht nicht zukommenden Stellung sich über die trockenen Wände ausbreitet, so kann sie zur Ruhe kommen, noch bevor der Winkel i den Werth $180°$ erreicht hat. Hieraus erklärt sich auch die Thatsache, dass die Capillarerscheinungen benetzen-der Flüssigkeiten in trockenen Röhren so grosse Unregelmässig-keiten aufweisen. Die Flüssigkeiten erreichen hier meist eine weit geringere Steighöhe als in vorher benetzten Röhren, in welchen man immer die schönste Uebereinstimmung mit der Theorie findet.

III. Das Verhältniss der Constanten α, β lässt sich aus Versuchen nicht mehr bestimmen, wenn β grösser als α ist. Denn die Gleichgewichtsgestalten der gleichen Flüssigkeit in gleichgeformten, aber der Materie nach verschiedenen Gefässen unterscheiden sich in diesem Falle nicht mehr von einander, ausser in der unmessbaren Haut, die die Gefässwand bedeckt. Sobald aber β kleiner als α ist, ist die Bestimmung des Verhältnisses dieser zwei Constanten mit Hilfe des Winkels i zwar möglich, kann aber wegen der vorhin angeführten Umstände kaum grosse Genauigkeit liefern. Für Quecksilber in Glasgefässen fand *Laplace* den Winkel $i = 43°\,12'$.

Weit grösserer Genauigkeit ist die Bestimmung der Constanten α fähig, besonders wenn es möglich ist, benetzbare Gefässe zu verwenden. Wasser von $8,5°$ C. liefert nach Versuchen, die *Laplace* anführt*), die Werthe

$$\alpha^2 = 7,5675 \text{ mm}^2 \text{ oder}$$
$$\alpha\ \, = 2,7509 \text{ mm}.$$

Alkohol vom spec. Gew. 0,81961 giebt bei derselben Temperatur

$$\alpha^2 = 3,0441 \text{ mm}^2 \text{ oder}$$
$$\alpha\ \, = 1,7447 \text{ mm}.$$

Terpentinöl von $8°$ C. giebt

$$\alpha^2 = 3,305 \text{ mm}^2,$$
$$\alpha\ \, = 1,818 \text{ mm}.$$

Für Quecksilber bei einer Temperatur von $10°$ hat man, bis neue Experimente eine grössere Genauigkeit gewährleisten, zu setzen

$$\alpha^2 = 3,25\ \ \text{ mm}^2 \text{ oder}$$
$$\alpha\ \, = 1,803 \text{ mm}.$$

Es ist übrigens wahrscheinlich, dass die Temperatur nur insofern den Werth von α^2 beeinflusst, als von ihr die Dichte abhängt, der in unserer Theorie α^2 proportional ist.

Die hier angegebenen Werthe sind erschlossen aus der Steighöhe oder der Depression der Flüssigkeiten in Capillarröhren. Es ist jedoch sehr schwer, deren Durchmesser exact zu messen, und noch schwerer, Sicherheit über die kreisförmige Gestalt des Querschnittes zu erlangen. Weit grössere Genauigkeit versprechen Versuche über Durchmesser und Volumen grosser Quecksilbertropfen, die man auf horizontalen Platten

---

*) Es sei bemerkt, dass die Grösse, die *Laplace* mit H bezeichnet, unserem $\pi\,c\,\theta(0)$ entspricht. Somit ist sein α dasselbe, was in unserer Bezeichnung $\dfrac{g}{\pi\,c\,\theta(0)}$ oder $\dfrac{1}{2\,\alpha^2}$ ist.

oder Schalen von sehr kleiner bekannter Krümmung ruhen lässt. Solche Versuche haben schon *Segner* und *Gay-Lussac* angestellt. Desgleichen möchte ich für Flüssigkeiten, welche Glasgefässe benetzen, Untersuchungen über die Dimensionen grosser Luftblasen empfehlen, angestellt in Gefässen, die man mit einem benetzten horizontalen und ebenen oder auch schwach, aber in bekannter Weise gekrümmten Deckglase verschliesst.

IV. Um nicht die Grenzen dieser Abhandlung zu überschreiten, musste die Anwendung unserer Grundprincipien an dieser Stelle auf den einfachsten Fall beschränkt werden, nämlich den, wo eine einzige Flüssigkeit in einem festen Gefässe angenommen war. Es hindert aber nichts, die grösste Allgemeinheit der Theorie zu gewinnen, so dass sie auch das Problem mehrerer Flüssigkeiten in einem Gefässe, ja sogar den Fall umfasst, wo starre Körper ganz oder zum Theil in die Flüssigkeit eintauchen. Aber die ausführlichere Behandlung dieser Fragen müssen wir uns für eine andere Gelegenheit vorbehalten.

Anmerkungen.

1) *Zu Art. 26 (S. 47)*. Die andere Methode, die *Gauss* hier im Sinne hat, beruht ohne Zweifel auf der Darstellung der krummen Oberflächen, die in der mehrfach citirten Abhandlung zur Flächentheorie gegeben ist, bei der die rechtwinkligen Coordinaten x, y, z eines Punktes der Fläche als Functionen zweier unabhängiger Variablen p, q dargestellt sind. Dieser Weg hat überdies vor dem im Text eingeschlagenen den Vorzug der Symmetrie und mag hier kurz skizzirt werden. Wir wenden die Bezeichnung an, die *Gauss* in der Abhandlung über die Flächentheorie gebraucht.

Wir setzen

$$dx = a\,dp + a'\,dq\,,$$
$$dy = b\,dp + b'\,dq\,,$$
$$dz = c\,dp + c'\,dq\,,$$

also

$$a = \frac{\partial x}{\partial p}\,,\quad a' = \frac{\partial x}{\partial q}\,,\quad b = \frac{\partial y}{\partial p}\,,\quad b' = \frac{\partial y}{\partial q}\,,$$

$$c = \frac{\partial z}{\partial p}\,,\quad c' = \frac{\partial z}{\partial q}\,.$$

Dann ergeben sich für die Cosinus der Winkel, die die Normale n mit den Coordinatenaxen bilden, die Ausdrücke:

$$(1)\quad X = \frac{bc' - cb'}{\varDelta}\,,\quad Y = \frac{ca' - ac'}{\varDelta}\,,\quad Z = \frac{ab' - ba'}{\varDelta}\,,$$

worin

$$\varDelta = V\overline{(bc' - cb')^2 + (ca' - ac')^2 + (ab' - ba')^2}$$

und

$$(2)\qquad X^2 + Y^2 + Z^2 = 1\,.$$

Die Quadratwurzel ist positiv zu nehmen, wenn die Richtungen der positiven dp, dq, dn in demselben Sinne auf einander folgen, wie die der positiven x, y, z-Axe. (Man braucht, um dies einzusehen, nur die Richtungen von x, y, z mit dp, dq, dn zusammenfallen zu lassen.)

Das Quadrat des Linienelementes ds auf der Fläche U hat den Ausdruck

$$ds^2 = dx^2 + dy^2 + dz^2 = E\,dp^2 + 2\,F\,dp\,dq + G\,dq^2,$$

worin

$$E = a^2 + b^2 + c^2,$$
$$F = aa' + bb' + cc',$$
$$G = a'^2 + b'^2 + c'^2.$$
$$\varDelta^2 = EG - F^2,$$

und für das Oberflächenelement dU kann man setzen

$$dU = \varDelta\,dp\,dq = \sqrt{EG - F^2}\,dp\,dq.$$

Wenn nun durch die Variation von U die Coordinaten x, y, z eines Punktes in $x + \delta x$, $y + \delta y$, $z + \delta z$ übergehen, so können auch δx, δy, δz als Functionen von p und q betrachtet werden, und es ergiebt sich

$$\delta U = \iint (\tfrac{1}{2} E\delta G + \tfrac{1}{2} G\delta E - F\delta F)\frac{dp\,dq}{\varDelta}$$
$$= \int (\tfrac{1}{2} E\delta G + \tfrac{1}{2} G\delta E - F\delta F)\frac{dU}{\varDelta^2}.$$

Um nun diesen Ausdruck weiter umzuformen, bedienen wir uns des Zeichens $\varSigma$, um die Summe dreier entsprechender, auf die x, y, z bezüglicher Ausdrücke zu bezeichnen, also z. B. $E = \varSigma a^2$, $F = \varSigma aa'$, $G = \varSigma a'^2$, und

$$\tfrac{1}{2}\delta E = \varSigma a\delta a, \quad \delta F = \varSigma(a\delta a' + a'\delta a), \quad \tfrac{1}{2}\delta G = \varSigma a'\delta a'.$$

Setzen wir noch zur Abkürzung

$$(3)\begin{cases} \xi = \dfrac{Ga - Fa'}{\varDelta}, & \eta = \dfrac{Gb - Fb'}{\varDelta}, & \zeta = \dfrac{Gc - Fc'}{\varDelta}, \\[2ex] \xi' = \dfrac{Ea' - Fa}{\varDelta}, & \eta' = \dfrac{Eb' - Fb}{\varDelta}, & \zeta' = \dfrac{Ec' - Fc}{\varDelta}, \end{cases}$$

so folgt

$$\delta U = \int \Sigma (\xi \delta a + \xi' \delta a') \, dp \, dq\,;$$

darin ist

$$\delta a = \delta \frac{\delta x}{\delta p} = \frac{\delta \delta x}{\delta p}, \quad \delta a' = \delta \frac{\delta x}{\delta q} = \frac{\delta \delta x}{\delta q},$$

und folglich

$$\delta U = \iint \Sigma \left(\xi \frac{\delta \delta x}{\delta p} + \xi' \frac{\delta \delta x}{\delta q} \right) dp \, dq\,,$$

und wenn hierin

$$\xi \frac{\delta \delta x}{\delta p} = \frac{\delta \xi \delta x}{\delta p} - \delta x \frac{\delta \xi}{\delta p}\,,$$

$$\xi' \frac{\delta \delta x}{\delta q} = \frac{\delta \xi' \delta x}{\delta q} - \delta x \frac{\delta \xi'}{\delta q}$$

gesetzt wird, so zerfällt δU in zwei Theile

$$\delta U = \delta U_1 + \delta U_2\,,$$

die wir so darstellen:

$$\delta U_1 = \iint \Sigma \left(\frac{\delta \xi \delta x}{\delta p} + \frac{\delta \xi' \delta x}{\delta q} \right) \cdot dp \, dq\,,$$

$$\delta U_2 = - \iint \Sigma \left(\frac{\delta \xi}{\delta p} + \frac{\delta \xi'}{\delta q} \right) \delta x \cdot dp \, dq\,.$$

In dem ersten Theil δU_1 lässt sich eine Integration ausführen (ähnlich wie in Art. 22), und es ergiebt sich für δU_1 ein über den Rand P zu erstreckendes Integral

$$\delta U_1 = \int \Sigma (\xi \, dq - \xi' \, dp) \, \delta x\,,$$

worin aber dp, dq nicht mehr im absoluten Sinne, sondern mit dem Vorzeichen behaftet zu nehmen sind, das einem positiven Element der Randcurve dP entspricht (Art. 20).

Setzt man in ξ, ξ' für E, F, G ihre Ausdrücke durch a, a', ... ein, so ergiebt eine leichte Rechnung

$$(4) \qquad \xi = b' Z - c' Y, \quad \xi' = - b Z + c Y,$$

und demnach erhält man für δU_1

$$\delta U_1 = \int \Sigma \, (Z\,dy - Y\,dz)\,\delta x,$$

worin die dx, dy, dz die Projectionen von dP auf die Co-ordinatenaxen sind. Es ist aber nach der Bezeichnung im Text

$$X = \cos(1,4), \quad dx = dP\cos(1,6), \quad \delta x = \delta e\cos(1,5),$$

und da die Richtung 7 auf 4 und 6 senkrecht steht, während 6, 7, 4 in demselben Sinne auf einander folgen wie 1, 2, 3, so ergiebt sich

$$\delta U_1 = -\int \delta e \cos(5,7)\,dP,$$

was der erste Theil des Ausdruckes δU in Art. 26 ist.

Es ist nun der zweite Theil δU_2 von δU umzuformen. Nach der Definition der a, b, c, a', b', c' ist

$$\frac{\delta a}{\delta q} = \frac{\delta a'}{\delta p} = \frac{\delta^2 x}{\delta p\,\delta q} \quad \text{etc.}$$

und demnach ergiebt sich nach (4)

$$(5)\quad\begin{cases}\dfrac{\delta\xi}{\delta p} + \dfrac{\delta\xi'}{\delta q} = b'\dfrac{\delta Z}{\delta p} - c'\dfrac{\delta Y}{\delta p} - b\dfrac{\delta Z}{\delta q} + c\dfrac{\delta Y}{\delta q},\\[2ex]
\dfrac{\delta\eta}{\delta p} + \dfrac{\delta\eta'}{\delta q} = c'\dfrac{\delta X}{\delta p} - a'\dfrac{\delta Z}{\delta p} - c\dfrac{\delta X}{\delta q} + a\dfrac{\delta Z}{\delta q},\\[2ex]
\dfrac{\delta\zeta}{\delta p} + \dfrac{\delta\zeta'}{\delta q} = a'\dfrac{\delta Y}{\delta p} - b'\dfrac{\delta X}{\delta p} - a\dfrac{\delta Y}{\delta q} + b\dfrac{\delta X}{\delta q}.\end{cases}$$

Multiplicirt man diese Gleichungen der Reihe nach mit a, b, c, sodann mit a', b', c', und addirt jedesmal, so folgt mit Rücksicht auf (1), (2)

$$\Sigma a\left(\frac{\delta\xi}{\delta p} + \frac{\delta\xi'}{\delta q}\right) = \varDelta\Sigma X\frac{\delta X}{\delta p} = 0,$$

$$\Sigma a'\left(\frac{\delta\xi}{\delta p} + \frac{\delta\xi'}{\delta q}\right) = \varDelta\Sigma X\frac{\delta X}{\delta q} = 0.$$

Daraus aber ergiebt sich, dass die drei Grössen:

$$\frac{\delta\xi}{\delta p} + \frac{\delta\xi'}{\delta q}, \quad \frac{\delta\eta}{\delta p} + \frac{\delta\eta'}{\delta q}, \quad \frac{\delta\zeta}{\delta p} + \frac{\delta\zeta'}{\delta q}$$

den

$$X, \qquad Y, \qquad Z$$

proportional sind. Wir setzen

$$\frac{\partial \xi}{\partial p} + \frac{\partial \xi'}{\partial q} = L \varDelta X, \quad \frac{\partial \eta}{\partial p} + \frac{\partial \eta'}{\partial q} = L \varDelta Y,$$

$$\frac{\partial \zeta}{\partial p} + \frac{\partial \zeta'}{\partial q} = L \varDelta Z,$$

woraus durch Multiplication mit X, Y, Z und Addition

(6) $$\Sigma X \left(\frac{\partial \xi}{\partial p} + \frac{\partial \xi'}{\partial q} \right) = L \varDelta$$

folgt, und es wird

$$\delta U_2 = - \iint L \varDelta \Sigma X \delta x \cdot dp \, dq \,,$$

oder in der Bezeichnung des Textes Art. 25

$$\delta U_2 = - \int L \cos (4, 5) \, \delta e \, dU \,.$$

Multipliciren wir die Gleichungen (5) mit X, Y, Z und addiren, so folgt nach (4) und (6)

$$L \varDelta = \Sigma \frac{\partial X}{\partial p} (c' Y - b' Z) - \Sigma \frac{\partial X}{\partial q} (c Y - b Z)$$

$$= - \Sigma \xi \frac{\partial X}{\partial p} - \Sigma \xi' \frac{\partial X}{\partial q} \,,$$

und nach (3)

$$L \varDelta^2 = - G \Sigma a \frac{\partial X}{\partial p} + F \left(\Sigma a' \frac{\partial X}{\partial p} + a \frac{\partial X}{\partial q} \right) - E \Sigma a' \frac{\partial X}{\partial q} \,.$$

Aus $\Sigma a X = 0$, $\Sigma a' X = 0$ ergiebt sich aber, wenn wir drei neue Zeichen E', F', G' einführen

$$\Sigma a \frac{\partial X}{\partial p} = - \Sigma X \frac{\partial a}{\partial p} = - E' \,,$$

$$\Sigma a' \frac{\partial X}{\partial p} = - \Sigma X \frac{\partial a'}{\partial p} = - F' \,,$$

$$\Sigma a \frac{\partial X}{\partial q} = - \Sigma X \frac{\partial a}{\partial q} = - F' \,,$$

$$\Sigma a' \frac{\partial X}{\partial q} = - \Sigma X \frac{\partial a'}{\partial q} = - G' \,,$$

woraus folgt

$$L \varDelta^2 = GE' - 2FF' + EG'.$$

Denken wir uns vom Punkte p, q aus eine geodätische Linie auf der Fläche U gezogen, und nehmen an, dass auf dieser die Coordinaten x, y, z (oder p, q) als Functionen der Länge r dieser Linie gegeben seien, so ergiebt sich

$$(7) \quad X = -\varrho \frac{d^2x}{dr^2}, \quad Y = -\varrho \frac{d^2y}{dr^2}, \quad Z = -\varrho \frac{d^2z}{dr^2} \; {}^*),$$

worin ϱ den Krümmungsradius der geodätischen Linie bedeutet, positiv gerechnet, wenn die Curve ihre convexe Seite nach der Richtung der positiven (äusseren) Normalen kehrt. (Die Zeichenbestimmung ergiebt sich, wenn man die x-Axe in die positive Normale legt.) Es ist aber

$$\frac{d^2x}{dr^2} = a\frac{d^2p}{dr^2} + a'\frac{d^2q}{dr^2} + \left(\frac{da}{dp}\frac{dp}{dr} + \frac{da}{dq}\frac{dq}{dr}\right)\frac{dp}{dr}$$
$$+ \left(\frac{da'}{dp}\frac{dp}{dr} + \frac{da'}{dq}\frac{dq}{dr}\right)\frac{dq}{dr} \text{ etc.},$$

und daraus folgt, wenn man die Gleichungen (7) mit X, Y, Z multiplicirt und addirt

$$(8) \quad -\frac{1}{\varrho} = E'\left(\frac{dp}{dr}\right)^2 + 2F'\frac{dp}{dr}\frac{dq}{dr} + G'\left(\frac{dq}{dr}\right)^2,$$

während ausserdem

$$(9) \quad 1 = E\left(\frac{dp}{dr}\right)^2 + 2F\frac{dp}{dr}\frac{dq}{dr} + G\left(\frac{dq}{dr}\right)^2$$

sein muss. Die Richtungen der grössten und kleinsten Krümmung erhält man, wenn man $\frac{dp}{dr}$ und $\frac{dq}{dr}$ so bestimmt, dass der Ausdruck (8) unter der Bedingung (9) ein Extremwerth wird. Dafür ergeben sich nach den Regeln der Differentialrechnung die Bedingungen

$$(E + \varrho E')dp + (F + \varrho F')dq = 0,$$
$$(F + \varrho F')dp + (G + \varrho G')dq = 0,$$

---

oder durch Elimination von dp, dq die quadratische Gleichung für $\dfrac{1}{\varrho}$

$$\frac{\varDelta^2}{\varrho^2} + \frac{1}{\varrho}(EG' + GE' - 2FF') + (E'G' - F'^2) = 0\,.$$

Hieraus aber folgt, wenn R und R' die Hauptkrümmungshalbmesser sind

$$\frac{1}{R} + \frac{1}{R'} = -\frac{EG' + GE' - 2FF'}{\varDelta^2} = -L\,,$$

also

$$\delta U_2 = \int \delta e \left(\frac{1}{R} + \frac{1}{R'}\right) \cos (4, 5)\, dU\,,$$

wie in Art. 26.

2) *Zu Art. 26 (S. 48)*. Der Ausdruck für δU

$$\delta U = -\int \delta e \cos (5, 7)\, dP + \int \delta e \cos (4, 5) \left(\frac{1}{R} + \frac{1}{R'}\right) dU$$

lässt sich auf folgende Weise geometrisch ableiten.

Wir denken uns von jedem Punkt der Fläche U die Normale n gezogen und bezeichnen ein Element dieser Linie bis zum Schnitt mit der variirten Fläche mit δn (positiv nach aussen). Die Variation ist dabei so angenommen, dass nicht nur die Verschiebung der Punkte, sondern auch die Aenderung in der Richtung der Tangentialebene überall unendlich klein ist, was auch in den *Gauss*'schen Entwicklungen stillschweigend vorausgesetzt ist. Es ist dann $\delta e \cos (4, 5) = \delta n$.

Wenn wir mit $d\omega$ das sphärische Bild des Elementes dU bezeichnen, so ist (vgl. *Gauss*, Flächentheorie, Art. 6, 8)

$$dU = RR'\, d\omega\,.$$

Verbindet man die Endpunkte aller Normalen δn, die über dem Element dU stehen, durch eine Fläche, so entsteht ein neues Flächenelement $dU + \delta dU$, dessen sphärisches Bild gleichfalls $d\omega$ ist, in dem aber die Krümmungsradien

$$R + \delta n,\quad R' + \delta n$$

sind, da man in dem unendlich kleinen Element dU die Strecke δn als constant betrachten kann. Es ist also

$$dU + \delta dU = (R + \delta n)(R' + \delta n)\, d\omega\,,$$

also mit Vernachlässigung von δn^2

$$\delta dU = (R + R')\,\delta n\,\delta\omega = \left(\frac{1}{R} + \frac{1}{R'}\right)\delta n\,dU.$$

Es sei nun ferner ν die Richtung der Flächentangente, die von einem Punkt des Elementes dP der Begrenzung von U ausgeht und auf dP normal steht und von dem Flächenstück U gesehen nach aussen gerichtet ist, und $\delta\nu$ sei die Projection der Verschiebung δe von dP auf ν. Dann ist

$$\delta\nu = -\,\delta e\,\cos\,(5,\,7),$$

und $\delta\nu\,dP$ ist die Fläche eines Rechtecks, dessen Seiten $\delta\nu$ und dP sind, und die Summe aller dieser Flächen ist bis auf unendlich kleines höherer Ordnung gleich dem Zuwachs, den die Fläche U durch die Verschiebung der Grenze erfahren hat. Hieraus ergiebt sich für den ganzen Zuwachs von U

$$\delta U = \int \delta\nu\,dP + \int\left(\frac{1}{R} + \frac{1}{R'}\right)\delta n\,dU,$$

was wieder mit der Formel des Art. 26 übereinstimmt.

    3) *Zu Art. 28 (S. 50).* Nach Art. 28 soll das Integral

$$(1)\qquad \int\left[z + \alpha^2\left(\frac{1}{R} + \frac{1}{R'}\right)\right]\delta n\,dU$$

für alle Variationen δn verschwinden, die am Rande P überall $= 0$ sind, und die der Bedingung genügen

$$(2)\qquad \int \delta n\,dU = 0;$$

es wird geschlossen, dass dies unmöglich ist, wenn nicht der Ausdruck

$$z + \alpha^2\left(\frac{1}{R} + \frac{1}{R'}\right),$$

den wir für den Augenblick mit Q bezeichnen wollen, über die ganze Fläche U constant ist. Vorausgesetzt muss dabei werden, dass Q nicht unstetig sei.

    Man überzeugt sich hiervon auf folgende Weise. Angenommen, es seien zwei Punkte A, B auf der Fläche vorhanden, in denen Q verschiedene Werthe Q_A und Q_B hat, und es sei etwa $Q_A < Q_B$. Man nehme irgend einen Zahlenwerth C zwischen diesen beiden Werthen an, so dass also

$$Q_A < C < Q_B$$

ist. Nun kann man wegen der Stetigkeit von Q um die Punkte A und B zwei Gebiete a, b auf der Fläche U abgrenzen, so dass in a alle Werthe Q_a von Q kleiner, in b alle Werthe Q_b grösser als C sind, dass also $Q_a - C$ in a negativ, $Q_b - C$ in b positiv ist. Man nehme nun δn ausserhalb der Gebiete a, b überall gleich Null, in a aber δn negativ, in b positiv, und so, dass

$$(3) \qquad \int \delta n_a \, dU_a + \int \delta n_b \, dU_b = 0$$

wird, was offenbar immer möglich ist.

Dann soll also

$$(4) \qquad \int Q_a \, \delta n_a \, dU_a + \int Q_b \, \delta n_b \, dU_b = 0$$

sein. Multiplicirt man aber (3) mit C und subtrahirt das Product von (4), so folgt

$$\int (Q_a - C)\, \delta n_a \, dU_a + \int (Q_b - C)\, \delta n_b \, dU_b = 0 .$$

Dies ist aber unmöglich, weil $(Q_a - C)\,\delta n_a$ und $(Q_b - C)\,\delta n_b$ nur positive Werthe haben. Unsere Annahme, dass Q_A von Q_B verschieden sei, ist also unstatthaft, d. h. es muss Q in der ganzen Fläche U constant sein.

4) *Zu Art. 34 (S. 61)*. Die Bestimmung der Capillarconstanten leidet ausser an den von *Gauss* erwähnten Schwierigkeiten vor allem noch an der Schwierigkeit, eine reine Oberfläche herzustellen. In der That liefern Methoden, die es gestatten, mit möglichst frischen oder noch besser mit sich immer erneuernden Oberflächen zu arbeiten, stets grössere Werthe für die Capillarconstante, als andere Methoden. Ganz besonders gilt dies vom Quecksilber. Nach den neuesten Untersuchungen scheint die Oberfläche von Quecksilber Gase zu condensiren, was sich durch ständige Abnahme der Capillarconstanten zu erkennen giebt. *J. Stöckle*[*] wies nach, dass im Vacuum der Werth der Capillarconstanten nicht abnimmt. Die Maximalwerthe für Quecksilber sind die von

---

[*] Wiedemann's Annalen. **66**, 499.

*G. Quincke**), gefunden mit der Steighöhenmethode bei hervorragend reinem Quecksilber, und die von *G. Meyer***) mittels »schwingender Strahlen«. Ist *c* die Dichte (für Quecksilber 13,6), so ist nach *Gauss*'scher Bezeichnung $\alpha^2 \cdot c$ die Grösse, die man heute allgemein »Capillarconstante« nennt. Für diese findet

$$G.\ Quincke \qquad 52{,}25\ \text{bis}\ 56{,}43\ \frac{\text{mg}}{\text{mm}},$$

$$G.\ Meyer \qquad 50 \qquad \text{bis}\ 53\ \frac{\text{mg}}{\text{mm}}$$

gegenüber dem Werthe von *Gauss*, der $44{,}2\ \frac{\text{mg}}{\text{mm}}$ angiebt. Andere neuere Beobachtungen ergeben, dass diese Werthe bis etwa $37\ \frac{\text{mg}}{\text{mm}}$ im Contact mit Gasen abnehmen können***).

5) *Zu Art. 34 (S. 61, unten).* Die hier von *Gauss* vorgeschlagene Methode ist von *G. Quincke* zur Messung der Capillarconstanten des Quecksilbers mittels Quecksilbertropfen †) und zur Messung der von anderen Flüssigkeiten mittels Luftblasen sowie zur Messung von »Grenzflächenspannungen« ††) verwendet worden.

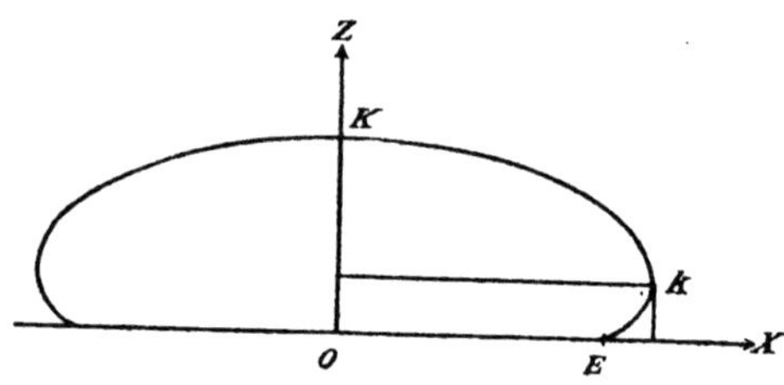

Bedeutet μ den constanten Krümmungsradius an der höchsten Stelle des Tropfens, und K die Höhe dieses höchsten

---

*) Wiedemann's Annalen. **52,** 19.
) Ebd. **66, 523.
***) Vgl. hierüber die Zusammenstellung bei *A. Kalähne*, Ann. der Phys. **7,** 473.
†) Poggendorff's Annalen. **105,** 1.
††) Ebd. **129,** 1.

Punktes über der festen Horizontalebene, so liefert die erste Fundamentalgleichung (VI) (S. 50) die Relation

$$\frac{1}{R} + \frac{1}{R'} = \frac{2}{\mu} + \frac{K - z}{\alpha^2}.$$

Unter Berücksichtigung, dass der Tropfen als Rotationskörper anzusehen ist, wird diese Gleichung

$$\frac{\dfrac{d^2 z}{dx^2}}{\left[1 + \left(\dfrac{dz}{dx}\right)^2\right]^{\frac{3}{2}}} + \frac{\dfrac{1}{x}\dfrac{dz}{dx}}{\sqrt{1 + \left(\dfrac{dz}{dx}\right)^2}} = \frac{2}{\mu} + \frac{K - z}{\alpha^2}.$$

Diese Differentialgleichung bietet der Integration grosse Schwierigkeiten, und ist von *Quincke* auch nur unter gewissen vereinfachenden Annahmen integrirt worden. Ist der Tropfen sehr ausgedehnt, so wird er an der Stelle K nahezu eben, also μ sehr gross. Es wird ferner, wenn R den Krümmungsradius der Curve KkE bezeichnet, R' sehr gross, und die Differentialgleichung erhält die Form

$$\frac{\dfrac{d^2 z}{dx^2}}{\sqrt{1 + \left(\dfrac{dz}{dx}\right)^2}^{\,3}} = \frac{K - z}{\alpha^2}.$$

Diese Gleichung lässt sich leicht integriren, und giebt das erste Integral

$$1 - \frac{1}{\sqrt{1 + \left(\dfrac{dz}{dx}\right)^2}} = \frac{(K - z)^2}{2\,\alpha^2},$$

worin die Integrationsconstante aus der Bedingung bestimmt wird, dass $\dfrac{dz}{dx} = 0$ sein muss für $z = K$. Setzt man darin $z = k$ und $\dfrac{dz}{dx}$ unendlich, so folgt die sehr einfache angenäherte Relation:

$$2\,\alpha^2 = (K - k)^2.$$

Sind die Voraussetzungen nicht hinreichend erfüllt, so treten noch Correctionen hinzu, bezüglich derer wir auf die Originalarbeiten verweisen müssen.